3
1973

Faserforschung und Textiltechnik

WISSENSCHAFTLICH-TECHNISCHE ZEITSCHRIFT FÜR DIE CHEMIEFASER- UND TEXTILINDUSTRIE

AUS DEM INHALT

AKADEMIE-VERLAG BERLIN

Faserforsch. u. Textiltechnik • 24. Jahrg • Heft 3 • Seiten 95–142 • Berlin im März 1973
FSTXA7 24 (3) 95–142 (1973)
Preis: 15,– M • Sonderpreis DDR: 9,– M

DK 678.744.332:541.135 – 126:541.8:532.74:541.182.02

Michajlov, M.

Polyelektrolytlösungen und aus Lösung gebildete Polyelektrolytstrukturen

Faserforsch. u. Textiltechnik **24** (1973) 3, S. 95—101. 7 Abb., 36 Lit.

Auf Grund von spektroskopischen und anderen Untersuchungen über die Natur zwischen- und innermolekularer Wechselwirkungen in Polymethacrylsäure wird ein multiader tertiärer Submizellaufbau der Makromoleküle derselben vorgeschlagen. Wenn außerdem der Aufbau von Wasser und Alkoholen berücksichtigt wird, gelangt man zu der Vorstellung einer Submizellsolvatstruktur der Makromolekülknäuel der Polymethacrylsäure und ihrer Salze in diesen Lösungsmitteln. Diese Strukturen stimmen gut mit den Ergebnissen von Untersuchungen der Eigenschaften der Lösungen überein. Die Bildung von Polyelektrolytstrukturen aus Lösungen wird als Prozeß der Entstehung neuer kristalliner, mesomorpher oder amorpher Phasen aus flüssigen, mesomorphen oder amorphen Systemen aufgefaßt.

DK 678.864.9:541.135 – 126:678.019.253:541.8:541.574

Štamberg, Jiři, und *Gregor, Harry P.*

Synthese und Eigenschaften von Quecksilber-Polyelektrolyten

Faserforsch. u. Textiltechnik **24** (1973) 3, S. 101—105, 4 Abb., 3 Tab., 12 Lit.

Die besondere Stabilität der Quecksilber/Kohlenstoff-Bindung ermöglicht die Herstellung einer Reihe sehr stabiler Polyelektrolyte, die das Hg^{++}-Kation als funktionelle Gruppe aufweisen. Eine Reihe von polymeren Quecksilberverbindungen mit unterschiedlichem Quecksilbergehalt wurde hergestellt. Die Gegenwart von Quecksilberatomen in diesen organischen Polymeren führte zu einer signifikanten Verschlechterung ihrer Löslichkeit, und selbst die linearen Produkte zeigten nur begrenzte Quellung in Wasser. Besondere Aufmerksamkeit wurde den mercurierten Styrol/Divinylbenzol-Copolymeren gewidmet. Die Anwendung der mercurierten Polymeren bei der Flüssigkeits- und Gaschromatographie wurde untersucht.

DK 677.463:678.542.3 – 416:677.014.332.1:547.279.521.1:547.298.11'211

Philipp, Burkart, Schleicher, Harry, und *Wagenknecht, Wolfgang*

Zum zeitlichen Verlauf der Quellung von Celluloseregeneratfäden und -folien in organischen Flüssigkeiten

Faserforsch. u. Textiltechnik **24** (1973) 3, S. 106—112. 9 Abb., 5 Tab., 36 Lit.

Es wird die Quellung von Regeneratcellulosen in DMSO, DMF, Äthanolamin und einigen weiteren Flüssigkeiten in Abhängigkeit von Zeit und Temperatur beschrieben und kinetisch ausgewertet. Der Einfluß der Löslichkeitsparameter der Flüssigkeiten und der Struktur der Regeneratcellulose auf die Quellungskinetik wird diskutiert.

DK [677.1/.2 + 677.46]:677.014.332.3:677.017.63:677.014.86

Hampe, Heinz, Philipp, Burkart, und *Baudisch, Josef*

Vergleichende Untersuchungen zum Quell- und Löseverlauf von Cellulosefasern in verschiedenen Medien
Teil II: Zusammenfassende Diskussion der Ergebnisse

Faserforsch. u. Textiltechnik **24** (1973) 3, S. 113—119. 3 Abb., 25 Lit.

Ausgehend von den im Teil I dieser Arbeit mitgeteilten eigenen Ergebnissen werden unter Mitheranziehung der Arbeiten anderer Autoren die phänomenologischen Aussagen zum Quell- und Löseprozeß der Cellulose in wäßrigen Medien unter dem Gesichtspunkt einer Trennung der wesentlichen Einflußgrößen „Cellulosestruktur“ und „Quellmittelart“ zusammengefaßt. Anhand eines qualitativen Schemas der verschiedenen Eingangsgrößen, der nach- und nebeneinander ablaufenden Einzelvorgänge und der dabei auftretenden Strukturänderungen wird eine Systematisierung des erreichten Erkenntnisstandes zum Quell- und Löseprozeß der Cellulose vorgenommen, wobei Gemeinsamkeit und Unterschiede zwischen den verschiedenen Quell- und Lösemechanismen herausgestellt sowie Möglichkeiten und Grenzen einer Modellierung solcher Vorgänge erörtert werden.

DK 677.494 [Bikomp.]:677.494.675'126:677.494.674'524'420:543.226:677.017.56:536.495

Dimov, Kiril, und *Georgiev, Janko*

Untersuchung über den Wechselwirkungsaustausch in Schmelzemischungen aus heterokettigen faserbildenden Polymeren nach dem DTA-Verfahren

Faserforsch. u. Textiltechnik **24** (1973) 3, S. 120—126. 5 Abb., 2 Tab., 24 Lit.

Die Kinetik und der Mechanismus des Wechselwirkungsaustausches bei thermischer Behandlung der Kompositionsprodukte aus Polycaproamid (PCA) und Polyäthylenterephthalat (PÄT) mit Hilfe des DTA-Verfahrens wurden untersucht und diskutiert. Dabei konnte festgestellt werden, daß die Veränderungen in den endothermen Schmelzpeaks und exothermen Kristallisationspeaks im Verlaufe der Austauschreaktionen in direkter Verbindung mit dem Gehalt der freien endständigen Aminogruppen des Produktes stehen. Als allgemeines Kennzeichen, das die untersuchten Kompositionsprodukte charakterisiert, wird der Parameter P aus der *Flory*schen Gleichung für die Schmelzetemperaturerniedrigung des Copolymeren vorgeschlagen.

DK. 677.661:677.21.061.1:677.21.062.2:677.017.272.2:677.017.4:677.017.82

Perner, Harald, und *Jain, Kailash Chandra*

Der Einfluß von Fadenfeinheit und Nähfadenzugkraft auf die Berst- und Scheuerfestigkeit von Nähgewirken aus Baumwollfäden

Faserforsch. u. Textiltechnik **24** (1973) 3, S. 126—129. 9 Abb., 3 Tab., 3 Lit.

Die in der Arbeit erläuterten Ergebnisse lassen innerhalb des untersuchten Bereiches den Schluß zu, daß Nähgewirke aus Baumwollfäden gleicher Feinheit mit gleicher Flächenmasse gegenüber vergleichbaren Geweben eine geringere Berstfestigkeit, nähfadenseitig aber einen größeren Scheuerwiderstand erreichen.

DK 001.4:389.6:677.1/.5

Meyer, Kurt

Zur Terminologie der Faserstoff-Bezeichnungen

Faserforsch. u. Textiltechnik **24** (1973) 3, S. 130—131.

Die Zeitschrift „Faserforschung und Textiltechnik" erscheint monatlich in Heften zu 48 Textseiten im Format A 4. Der Preis für das Einzelheft beträgt M 15,– (Sonderpreis für DDR M 9,–), für den Vierteljahrbezug M 45,– (Sonderpreis für DDR M 27,–), zuzügl. Bestellgeld. Die Berechnung erfolgt zu Beginn eines Vierteljahrs für 3 Hefte. Bestellungen aus dem Gebiet der Deutschen Demokratischen Republik an ein Postamt, eine Buchhandlung oder den Verlag, aus der Deutschen Bundesrepublik an eine Buchhandlung oder die Auslieferungsstelle Kunst und Wissen. Erich Bieber, 7 Stuttgart 1, Wilhelmstraße 4–6, aus dem Ausland an eine Importbuchhandlung, den Deutschen Buch-Export und -Import GmbH., 701 Leipzig, Postschließfach 276, oder den Akademie-Verlag GmbH., 108 Berlin, Leipziger Str. 3–4 (Fernruf: 220441; Telex-Nr. 0112020; Postscheckkonto 35021) erbeten. Bestellnummer dieses Heftes: 1014/24/3. Alleinige Anzeigenannahme DEWAG-WERBUNG, 1054 Berlin, Wilhelm-Pieck-Str. 49, und alle DEWAG-Betriebe in den Bezirksstädten der DDR. – Bestellungen in der UdSSR nehmen entgegen: Städtische Abteilungen von „SOJUZPECHATJ" bzw. Postämter und Postkontore.

Herausgeber und verantwortlich für den Inhalt: Prof. Dr. Dr. Erich Correns, Institut für Polymerenchemie der Akademie der Wissenschaften der DDR, 153 Teltow-Seehof, Fernruf: Teltow 4831; Prof. Dr.-Ing. habil. Wolfgang Bobeth, Institut für Technologie der Fasern der Akademie der Wissenschaften der DDR, 801 Dresden, Hohe Str. 6, Fernruf: 44721; Prof. Dr.-Ing. Hans Böhringer, 682 Rudolstadt; Prof. Dr. Hermann Klare, Prof. Dr. habil. Burkart Philipp und Dr. habil. Christian Ruscher, Institut für Polymerenchemie der Akademie der Wissenschaften der DDR, 153 Teltow-Seehof, Fernruf: Teltow 4831. Schriftleiter: Joachim Brämer und Dipl.-Chem. Ingeborg Ruscher, 153 Teltow-Seehof, Kantstr. 55. Verlag: Akademie-Verlag GmbH. 108 Berlin, Leipziger Str. 3–4. Satz und Druck: Druckhaus „Maxim Gorki", 74 Altenburg. – Veröffentlicht unter der Lizenznummer 1280 des Presseamtes beim Vorsitzenden des Ministerrates der Deutschen Demokratischen Republik.

Manuskriptsendungen sind an einen der Herausgeber oder die Schriftleitung zu richten. Für Inhalt und Form gelten die „Richtlinien für die Annahme und Abfassungen von Beiträgen", erhältlich von der Schriftleitung. Die Verfasser größerer wissenschaftlicher Arbeiten erhalten außer dem Honorar ein Heft und 50 Sonderdrucke ihrer Arbeit unentgeltlich. Nachdrucke sowie Übersetzungen in fremde Sprachen des Inhalts dieser Zeitschrift und deren Verbreitung – auch auszugsweise mit Quellenangabe – bedürfen der schriftlichen Vereinbarung mit dem Verlag.

Faserforschung und Textiltechnik

WISSENSCHAFTLICH-TECHNISCHE ZEITSCHRIFT FÜR DIE CHEMIEFASER- UND TEXTILINDUSTRIE

Band 24 | März 1973 | Heft 3

Polyelektrolytlösungen und aus Lösung gebildete Polyelektrolytstrukturen[1])

M. Michajlov

Bulgarische Akademie der Wissenschaften, Sofia/VR Bulgarien, Institut für organische Chemie

DK 678.744.332 :541.135—126 :541.8 :532.74:541.182.02

Auf Grund von spektroskopischen und anderen Untersuchungen über die Natur zwischen- und innermolekularer Wechselwirkungen in Polymethacrylsäure wird ein multiader tertiärer Submizellaufbau der Makromoleküle derselben vorgeschlagen. Wenn außerdem der Aufbau von Wasser und Alkoholen berücksichtigt wird, gelangt man zu der Vorstellung einer Submizellsolvatstruktur der Makromolekülknäuel der Polymetharcylsäure und ihrer Salze in diesen Lösungsmitteln. Diese Strukturen stimmen gut mit den Ergebnissen von Untersuchungen der Eigenschaften der Lösungen überein. Die Bildung von Polyelektrolytstrukturen aus Lösungen wird als Prozeß der Entstehung neuer kristalliner, mesomorpher oder amorpher Phasen aus flüssigen, mesomorphen oder amorphen Systemen aufgefaßt.

Растворы полиэлектролитов и возникающие из раствора структуры полиэлектролитов

На основании спектроскопических и других исследований о природе меж- и внутримолекулярных взаимодействий в полиметакриловой кислоте предлагается третичная субмицеллярная структура макромолекул. Если учитывать при этом структуру воды и спиртов, то можно развить представление о субмицеллярно-сольватной структуре макромолекулярных клубков полиметакриловой кислоты и ее солей в этих растворителях. Такие структуры находятся в хорошем соответствии с результатами исследования свойств растворов. Образование полиэлектролитных структур из растворов интерпретируется как процесс образования новых кристаллических, мезоморфных или аморфных фаз из жидких мезоморфных или аморфных систем.

Polyelectrolyte Solutions and Polyelectrolyte Structures formed from Solutions

Based on spectroscopic and other results on the kind of inter and intramolecular interactions in polymethacrylic acid a structure model of the macromolecules multiade tertiary submicelle structure is proposed. Taking into account the structure of water and alcohols, the concept of a submicelle solvate structure of macromolecular coils of polymethacrylic acid and its salts in these solvents is established. This concept is supported by the properties of the solutions. The formation of polyelectrolyte structures from solutions is considered as the formation of new crystalline, mesomorphous and amorphous phases from liquid mesomorphous or amorphous systems.

1. Einleitung

Die Polyelektrolytlösungen bilden bekanntlich eine Hauptklasse polyelektrolytischer Systeme.

Das interessante und besonders wichtige Problem der Struktur und Strukturumwandlungen von Polyelektrolytlösungen bei Änderung ihrer thermodynamischen Parameter ist außerordentlich breit und vielseitig und kann an dieser Stelle nicht umfassend behandelt werden. In dieser Arbeit soll der Versuch unternommen werden, mit wesentlichen Einschränkungen einige Grundfragen des Problems zu betrachten.

Als Objekte werden nur Lösungen synthetischer Polyelektrolyte aus der Gruppe der linearen Carbokettenpolymeren in niedermolekularen (monomeren) Stoffen gewählt. Dabei werden Carbokettenpolycarbonsäuren berücksichtigt. Es werden Strukturen und Strukturumwandlungen dieses Typs Polyelektrolytlösungen bei bestimmten Einwirkungen vorwiegend auf Grund von Ergebnissen betrachtet, die bei der Untersuchung von Lösungen der Polymethacrylsäure (PMS) während der letzten 10 bis 15 Jahre gewonnen wurden.

Besonderes Interesse hinsichtlich der Struktur stellen die Lösungen dieser Polycarbonsäuren in Wasser und hydroxylgruppenhaltigen organischen Verbindungen (einwertige und mehrwertige Alkohole) dar. Allgemein bekannt sind die mit als „anomal" bezeichneten Besonderheiten der Abhängigkeit ihrer Eigenschaften von den inneren und äußeren thermodynamischen Koordinaten ihres Zustands. Eine erfolgreiche eindeutige Entzifferung der in diesen „anomalen" Abhängigkeiten enthaltenen Strukturangaben erfordert deren Betrachtung unter Ausnutzung auch von Ergebnissen direkter Strukturuntersuchungen sowohl der Lösungen als auch ihrer Hauptkomponenten.

Wir wollen uns auf die Betrachtung der Struktur verdünnter Lösungen von Methacrylpolyelektrolyten und übermolekularer Bildungen, die sich unter bestimmten Bedingungen aus ersteren abscheiden, beschränken, wobei wir nach dieser Methode vorgehen.

[1]) Vorgetragen auf dem Internationalen Mikrosymposium „Polyelektrolyte" am 8. und 9. Oktober 1972 in Rostock.

2. Verzeichnis der Abkürzungen

PMS	Polymethacrylsäure
a-	ataktisch
i-	isotaktisch
s-	syndiotaktisch
K_{tr}	trans-Konformation (lang, gestreckt)
K_k	kompakte Konformation
K_H	spiralförmige Konformatin
K_{gf}	Gleitflächenkonformation
WB	Wasserstoffbindung
WB_g	geradlinige Wasserstoffbindung
WB_w	gebogene (winklige) Wasserstoffbindung
WB_{ew}	einfache winklige „ „
WB_{dw}	doppelte winklige „ „
D_c	cyclisch komplexierte Diade
D_l	linear „ „
D_{ew}	einfache winklige Diade
D_{dw}	doppelte winklige Diade
MA_g	gerade Multiade
MA_l	lineare Multiade

MA_w winklige Multiade
MA_{ew} einfache winklige Multiade
ES_g eisbergartige Struktur
DS_w dichtere Struktur
Mc Mizelle
SpMS Supermizellsolvate
SbMS Submizellsolvate

3. *Hauptbesonderheiten der Struktur und Strukturumwandlungen von Polymethacrylsäuren, Wasser und Alkoholen*

Theoretischen und experimentellen Untersuchungen der letzten Jahre [1, 2, 32] ist zu entnehmen, daß auf zwei Arten angeordnete Konformationszustände der Polymethacrylsäurehauptketten oder -kettensegmente sowohl bei der isotaktischen (i) als auch bei der syndiotaktischen (s) Konformation möglich sind. Die eine ist eine gestreckte (lange) trans-Konformation (K_{tr}), die andere eine kurze (kompakte) Konformation (K_k). Letztere ist bei i-PMS spiralförmig (K_H); bei s-PMS wird sie als Gleitflächenkonformation (K_{Gf}) bezeichnet. Das Vorhandensein zweier Zwillingssubstituenten in jedem Monomerenglied ist die Ursache einer bedeutenden Konformationsstarre der beiden Arten konfigurativ angeordneter Isomerer sowie natürlich auch des ataktischen Isomeren (a-PMS). Beispielsweise ist bekannt, daß PMS eine recht hohe Glastemperatur aufweisen; s-PMS zeigt eine starrere Konformation als i-PMS, während a-PMS eine mittlere Stellung einnimmt.

Diese und andere interessante Besonderheiten der sekundären und tertiären stereochemischen Struktur und die damit verbundenen polyelektrolytischen Eigenschaften der PMS werden in hohem Maße von der Fähigkeit der Carboxylgruppen bestimmt, inner- und zwischenmolekulare Donator/Akzeptor-Wasserstoffbindungen zu bilden, sich zu protonolysieren und zu protonisieren sowie mit anorganischen und organischen basischen Verbindungen Salze zu bilden. Die Carboxylgruppen sind folglich der eine Typ Strukturelemente, durch die die Teilnahme der PMS-Makromoleküle an Assoziations-, Solvatations-, elektrolytischen und Neutralisationsvorgängen verwirklicht wird.

Auf Grund von Schwingungen der Carbonyl- und Hydroxylgruppen bedingter Absorptionsbanden im IR-Spektrum und infolge des Charakters ihrer Temperaturabhängigkeit wurde festgestellt [3, 4, 5], daß unter 50 °C die Carboxylgruppen der Polymethacrylsäure in kondensiertem Zustand ohne Lösungsmittel vollständig mit Wasserstoffbindungen assoziiert sind.

Die Assoziate sind cyclische Dimere und linear. Beim Erhitzen auf über 50 °C beginnt die Veränderung des Wasserstoffbindungstyps und die Deassoziation der Carboxylgruppen unter Bildung freier OH-Gruppen. Dieser Prozeß ist beim Erreichen von 215 °C beendet. Die langsame Wiederherstellung der Wasserstoffbindungen beim Abkühlen auf niedrigere Temperaturen zeigt, daß die Assoziation der Carboxylgruppen in kondensiertem Zustand mit sehr geringer Geschwindigkeit verläuft.

Die IR-Spektraluntersuchungen zeigen [4], daß in Alkali- und Erdalkalisalzen der PMS die Carboxylatanionen $(-COO)^-$ und die Gegenionen Kontaktpaare bilden.

Methyl- und Methylengruppen sind solche Strukturelemente, die die Fähigkeit der PMS-Makromoleküle bestimmen, inner- und zwischenmolekular zu assoziieren sowie durch oleophile bzw. hydrophobe Wechselwirkungen mit *van der Waals*schem Charakter Solvate zu bilden.

Es ist angebracht, die auf Grund der beschriebenen Versuchsergebnisse möglichen Zustände der Carboxylgruppen sowie den Kohlenwasserstoffanteil der Monomerenglieder der Kette übersichtshalber vereinfacht folgendermaßen darzustellen:

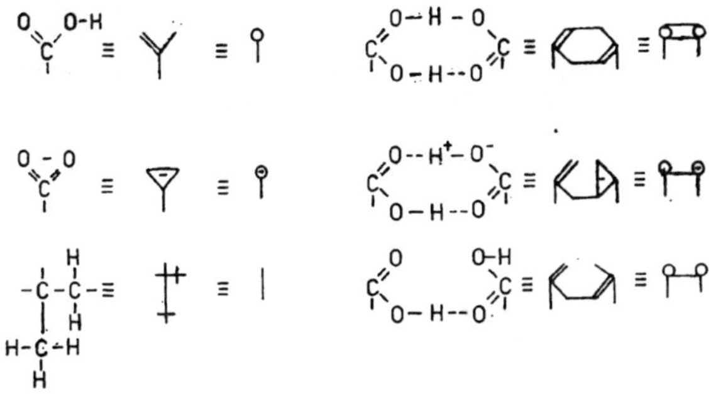

Auf Grund der bisherigen experimentellen und theoretischen Beweismaterials läßt sich nun ein verallgemeinertes Modell (Modell I) mit Null- oder erster Annäherung eines PMS-Makromoleküls konstruieren, das die Bildung recht bedeutender und interessanter Rückschlüsse gestattet.

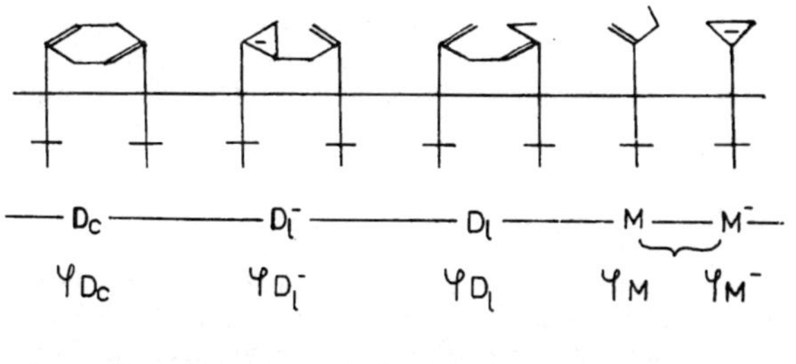

Das Modell zeigt, daß die PMS-Makromoleküle eigentlich Systeme monomerer (M) und cyclischer Strukturelemente (Diaden) mit cyclisch komplexierten (D_c) und linear komplexierten (D_l), z. T. ionisierten (M^-, D_l^-) Carboxylgruppen darstellen. Sie bilden gewissermaßen dynamische Systeme mit gekoppeltem Verhältnis zwischen den Konzentrationen ihrer Strukturelemente bzw. ihrer Grundmolteile φ_{Dc}, φ_{D^-}, φ_M, φ_{M^-} und $\varphi_{D}/^-$, deren Gleichgewichtswerte eindeutig von den thermodynamischen Bedingungen bestimmt werden, wenn kinetische Behinderungen fehlen.

Im Falle von PMS ist das Gleichgewicht bei niedrigen Temperaturen in kondensiertem Zustand laut IR-Spektren [3, 4, 5] wahrscheinlich gänzlich zu einer durch $\varphi_D \approx 1$ oder $\varphi_{Dc} + \varphi_{Dl} \approx 1$ charakterisierten Zusammensetzung verschoben, d. h. zur homopolydiaden (a) oder copolydiaden (b) Kettenstruktur:

$$\text{a)}\ (D_c)_n \qquad \text{b)}\ \{D_c\}\{D_l\}_m .$$

Möglich ist eine meßbar gekoppelte Protonolysierung und Protonisierung der komplexierten Carboxylgruppen unter Bildung von Carboxylat/Carboxylion-Kontaktpaaren $(-COO^-H_2^+OOC-)$ der PMS, d. h. ein Auftreten von Ampholytät, da diese Erscheinung für niedermolekulare Carbonsäuren bewiesen ist. Diese Frage ist aber bis heute nicht experimentell erforscht. Am wahrscheinlichsten ist, daß die Konformation der Kohlenwasserstoffgrundketten der innerpolydiadisch assoziierten Makromoleküle der s-PMS kompakt (K_{Gf}) ist. Da Versuchsergebnisse fehlen, kann bis jetzt nur angenommen werden, daß die Makromoleküle der i-PMS mit der Konformation K_H im festen Zustand ebenfalls innere polycyclische Assoziation aufweisen. Notwendig sind Untersuchungen nach IR-spektroskopischen und anderen Methoden, um festzustellen, ob die Diadencyclen bevorzugt auftreten.

Bei vollständiger oder fast vollständiger Deassoziation der Carboxylkomplexe in hochelastischem oder viskos/flüssigem Zustand wird eine andere ampholytische Grenzstruktur der Makromoleküle realisiert, die durch $\varphi_M \approx 1$ bzw. $M_n M^+ \!-\! ^-M)_m$ gekennzeichnet ist. Diese ist chemisch allerdings unbeständig, da bekannt ist, daß Polymethacrylsäure eine ausgeprägte Neigung zur innermolekularen Dehydratation, d. h. zum Übergang in ein lineares Polymethacrylsäureanhydrid aufweist. Diese Tatsache stellt den in [3] getroffenen Rückschluß, das Verschwinden der breiten IR-Bande der komplexierten OH-Gruppen beim Erhöhen der Temperatur, besonders über 160 °C, sei lediglich Resultat der Deassoziation, in Frage; dies kann auch auf direkte Dehydratation der Diadenkomplexe zurückgehen, wenn das Erhitzen auf hohe Temperaturen genügend lange Zeit durchgeführt wird.

Beim Erhitzen auf 80 bis 90 °C ist $\varphi_{D_c} + \varphi_{D_l} \approx 1$, da im IR-Spektrum immer noch die Bande für freie OH-Gruppen fehlt. Infolge der kooperativen Umgruppierung der Wasserstoff- und einer eventuellen Labilisierung der *van der Waals*schen Bindungen bei etwa 50 °C ändert sich folglich vorwiegend die Konzentration der inneren Struktur von D_c und D_l bei parallelem Anstieg der Rotationsfreiheit um die C—C-Bindungen der Grundketten hauptsächlich zwischen den Diadenringen.

Es ist anzunehmen, daß bei etwa 50 °C die Umgruppierung der einfachen geradlinigen Wasserstoffbindungen (WB_g) in gebogene (winklige) Wasserstoffbindungen (WB_w), einfache (WB_{ew}) und doppelte (Hydroxyl-, Dipol/Dipolbindungen) (WB_{dw}) verläuft.

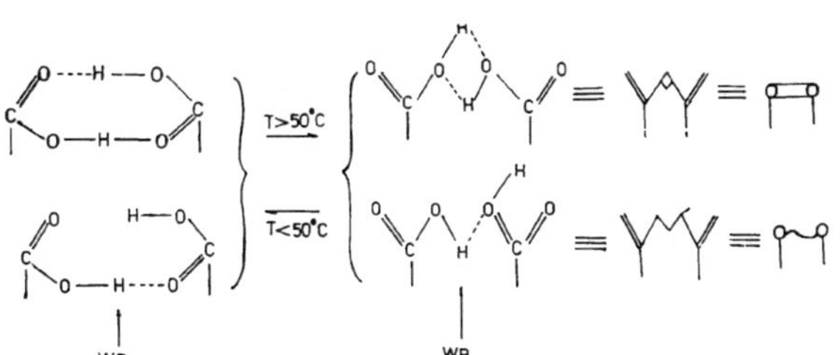

Das führt zu dem interessanten Rückschluß, daß der kooperative Übergang $WB_g \rightarrow WB_w$ bei etwa 50 °C gleichzeitig einen Übergang (Umgruppierung) der Diaden D_c und D_l mit inneren WB_g in Diaden mit einfacher und doppelter WB_w (D_{ew} und D_{dw}) darstellt. Das Strukturmodell der PMS-Makromoleküle in kondensiertem Zustand über 50 °C weist dementsprechend folgende Form auf (Modell II):

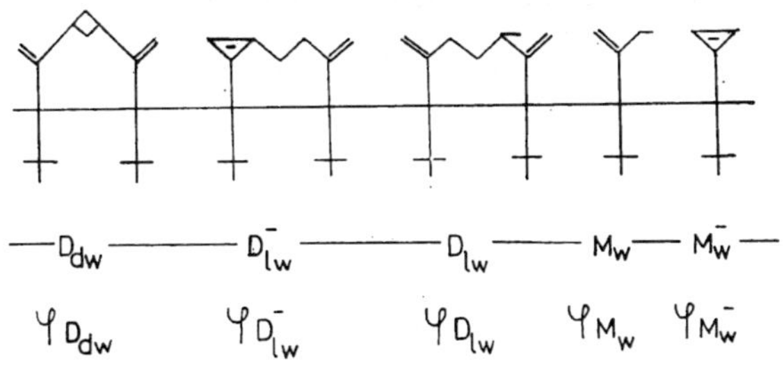

Bisher nahmen wir einfachheitshalber an, daß sich durch WB_g unter 50 °C und durch WB_{ew} nur die entsprechenden Dimerkomplexe zwischen Carboxylgruppen, bzw. D_l und D_{ew}, bilden. Für die Carboxylgruppen ist aber die Möglichkeit nicht auszuschließen, daß sie sich, besonders bei niedrigen Temperaturen und niedrigem Protonolysegrad ($\alpha \approx 0$), zu längeren linearen Assoziaten (Multikomplexen, Polykomplexen) zusammenschließen. Die PMS-Makromoleküle sind deshalb unterhalb 50 °C als vorwiegend aus D_c und Multiaden des Typs MA_l (einschließlich D_l) bestehendes System, oberhalb 50 °C als System aus D_{dw} und aus Multiaden des Typs MA_{ew} (einschließlich D_{ew}) anzusehen.

Diese Vorstellungen stimmen mit der großen Breite der IR-Spektralbande für OH- und für C=O-Bindungen der komplexierten Carboxylgruppen und dem Charakter der Veränderung ihres Profils bei Temperaturanstieg [3] überein.

Es ist zweckmäßig, die beiden Typen multiader tertiärer PMS-Strukturen in nichtionisiertem Zustand oder mit geringem Ionisationsgrad allgemein als g-multiade (MA_g) und w-multiade (MA_w) Struktur zu bezeichnen. Die s- und i-konfigurativ isomeren *PMS* behalten die entsprechenden kompakten Konformationen K_g und K_{Gf} bei ihren Kohlenwasserstoffgrundketten.

Bei etwa 50 °C verläuft folglich eine reversible kooperative Umwandlung der MA_g-tertiären Struktur der PMS-Makromoleküle in die MA_w-tertiäre Struktur ohne Veränderung der K_k der Kohlenwasserstoffgrundketten:

$$MA_g \underset{T<50\,°C}{\overset{T>50\,°C}{\rightleftarrows}} MA_w .$$

Die beiden Modelle I und II zeigen, daß *MA* der Makromoleküle quer biphil (amphyphil) sind. Sie können daher als Mizelle (*Mc*) biphiler Monomermoleküle (Monocarbonsäuren), die untereinander durch kovalente und Wasserstoffbindungen verbunden sind, angesehen werden, das Makromolekül — als Supermizelle oder als Übermizellstrukturbildungen aus Submizellen (*MA*), die untereinander kovalent und z. T. durch Wasserstoffbindungen verbunden sind.

Auf diese Weise gelangen wir zu der Vorstellung, daß sich bei den PMS-Makromolekülen auch quartäre Strukturen vom Supermizelltyp, von denen einige einen bedeutenden Grad gegenseitiger Ordnung unter den strukturierten (*MA*) Submizellen aufweisen können, verwirklichen lassen.

Wenn man von der traditionellen Art der Darstellung niedermolekularer biphiler Verbindungen und deren Mizelle ausgeht, so läßt sich der Mizellaufbau der nichtionisierten PMS-Makromoleküle durch folgendes vereinfachtes Modell wiedergeben:

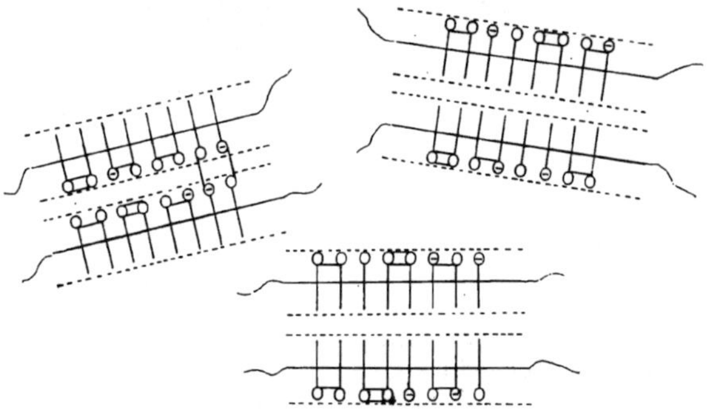

Die quartäre Mizellstruktur der PMS, wie auch ihre übermolekulare Struktur in kondensiertem Zustand, wird von der Vorgeschichte und den Bedingungen, unter denen der Übergang in diesen Zustand erfolgte, bestimmt.

Die Struktur der Polymethacrylsalze in diesem Zustand bei Übergängen in denselben aus Lösung wird weiter unten behandelt. An dieser Stelle sollen nur kurz einige Besonderheiten der Struktur niedermolekularer Lösungsmittel im flüssigen Zustand, die in diesem Zusammenhang von Interesse sind, erwähnt werden. Bekannt ist, daß das Wasser der interessanteste Vertreter für Stoffe ist, deren Moleküle in flüssigem Zustand mit Wasserstoffbindungen polyassoziiert sind.

Die Struktur wäßriger PMS-Lösungen und deren Salze soll anhand des entwickelten Zweistrukturmodells des Wassers [6 bis 9, 30] behandelt werden. Nach diesem Modell enthalten die wäßrigen Multiassoziate bei niedriger Temperatur in flüssigem Zustand vorwiegend Wasserstoffbindungen des Typs WB_g und weisen eine fluktuierende, eisartige („eisbergartige“) Struktur (ES_g) auf. Beim Erhitzen verwandeln sie sich im Intervall 35 bis 40 °C in Multiassoziate dichterer Struktur (DS_w) infolge der Umgruppierung der g-Wasserstoffbindungen in einfache und doppelte WB_w-Bindungen.

Einwertige und mehrwertige Alkohole werden durch biphile Moleküle gekennzeichnet, wobei die Multiassoziation zwischen diesen sowohl durch Wasserstoffbindungen beider Typen [9, 10] als auch durch *van der Waals*sche Wechselwirkungen zwischen den Alkylradikalen verwirklicht wird. Bei ihnen sind folglich ebenfalls beide Grenztypen von Multiassoziaten möglich, aber bei gewöhnlicher Temperatur existieren in den am häufigsten verwendeten Alkoholen Multiassoziate mit Zwischenstruktur oder vorwiegend mit WB_w-Struktur. Diese können als Mizellen betrachtet werden. Bei einwertigen Alkoholen mit längsbiphilen Molekülen ist die Polyassoziation nur zwischenmolekular. Bei zwei- und mehrwertigen, als Oligomere zu betrachtenden Alkoholen könnte man die Moleküle vorwiegend als querbiphil betrachten. Je nach ihrem Gehalt an funktionellen Gruppen und der stereochemischen Struktur, wie auch in Abhängigkeit von den Bedingungen, können sie innermolekular, zwischenmolekular oder auf beide Weisen polykomplexiert sein.

Es ist ebenfalls von Bedeutung, die meßbare Amphoterität von Wasser und Alkoholen als Lösungsmittel zu berücksichtigen. Auf Grund dieser Vorbemerkungen lassen sich die *g*- und *w*-Strukturen des Wassers und einwertigen Alkohols durch folgende vereinfachte geometrische Modelle darstellen:

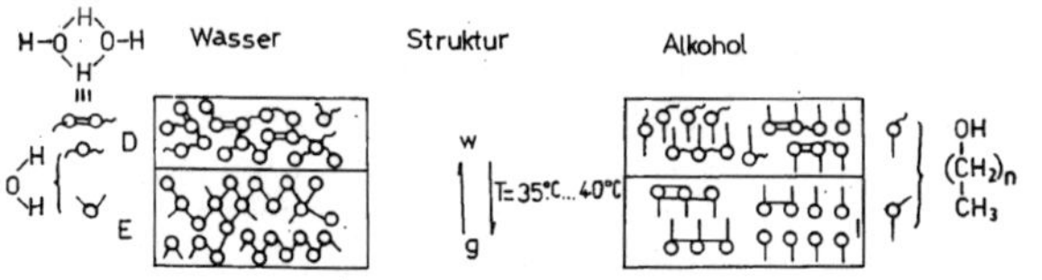

4. *Struktur und Strukturumwandlungen von Lösungen der Polymethacrylsäure und ihrer Salze*

Vorrangig soll die Struktur verdünnter PMS-Lösungen in Wasser und Methanol, die Gegenstand intensiver Forschungen sind, behandelt werden.

Wie aus den gewonnenen Ergebnissen hervorgeht, zeigen die PMS-Makromoleküle in solchen Lösungen im Temperaturintervall des thermodynamisch einphasisch beständigen Zustandes zwischen den kritischen Mischtemperaturen rheologische, dynamooptische und andere Verhaltensweisen von Knäueln (Superknäuel [11 bis 17, 29, 36]), allerdings mit bedeutender Anisotropie (Anisodiametrie) der Makroform [15, 29] und mit einem Gehalt an lokalen kompakten Strukturelementen [2, 13, 15].

Diese Versuchsergebnisse finden eine befriedigende und anschauliche Erklärung, wenn die Makromolekülknäuel als Supermizellsolvate (SpMS) und die in ihnen enthaltenen kompakten Strukturelemente als Submizellderivate (SbMS) betrachtet werden. Es kann weiter gefolgert werden, daß Struktur und Verhalten der SbMS für die Struktur und Strukturumwandlungen sowie die damit verbundenen Eigenschaften der Makromolekülknäuel und der verdünnten Lösungen als System solcher Knäuel eine zentrale und entscheidende Rolle spielen. Es ist deshalb zweckmäßig, deren Struktur zu diskutieren, da sich so wesentliche Besonderheiten der Lösungen erklären lassen.

Im Rahmen vorliegender Arbeit wird das nur unter Ausnutzung sehr vereinfachter geometrischer Modelle idealisierter dimerer SbMS gezeigt. Es ist gerechtfertigt, diese Modelle durch Synthese der entsprechenden Modelle beider Komponenten der SbMS, der PMS-Submizelle und des Lösungsmittels, zu konstruieren.

Die auf diese Weise gewonnenen Modelle, die einen unterschiedlichen Grad an Vereinfachung der SbMS in einigen Typen verdünnter Wasser- und Methanollösungen darstellen und für uns von Interesse sind, sind folgende: (siehe S. 99).

Diese Modelle gestatten die Unterscheidung zweier Teile der Lösungsmittelsolvathülle (Carboxylat- und Wasserstoffanteil), der Differenzen zwischen ihren Strukturen und den Bindungstypen des Submizellkerns der Solvate mit den entsprechenden Teilen. Sie spiegeln die Biegsamkeit und Elastizität der *w*-Wasserstoffbindungen und die Starrheit der *g*-Wasserstoffbindung wider. Wenn auch die Temperaturabhängigkeit der Struktur und die im vorangehenden Teil beschriebenen Eigenschaften der PMS-Submizelle und Lösungsmittel berücksichtigt werden, lassen sich anhand der Modelle Strukturbesonderheiten der Submizellsolvate in Wasser (Ia, b) und Methanol (II) unter verschiedenen Bedingungen feststellen.

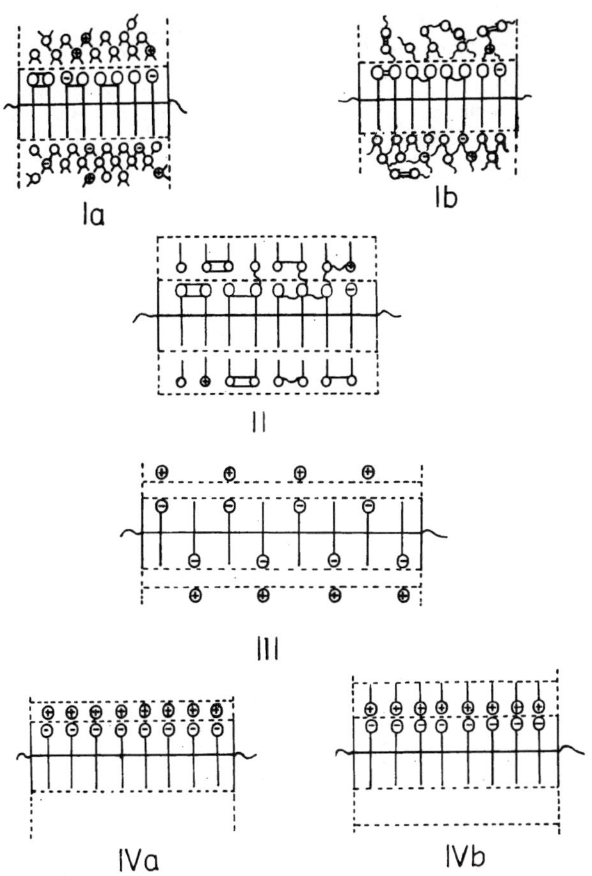

Die wäßrigen Subsolvate (Ia) besitzen unter 35 °C geordnete, kompakte, feste PMS-Submizellkerne mit niedrigem Ionisationsgrad und mit fester oder fast fester eisartiger Solvathülle; die Alkoholsolvate (II) haben einen „plastifizierten", mit Alkohol solubilisierten PMS-Submizellkern mit noch niedrigerem α und plastischer gw-Mizell/Alkohol-Solvathülle mit Schichtstruktur. Diese feinen Strukturunterschiede zwischen wäßrigen und Alkoholsubsolvaten stimmen ausgezeichnet mit den Unterschieden zwischen KMR-Spektren [5] und Röntgenogramme [2] der PMS-Lösungen in Wasser und Alkohol überein.

Die Modelle dieser Subsolvate erklären sehr gut die durch rheologische und andere Methoden [11 bis 17, 29] bestimmten Unterschiede zwischen den Parametern der Superknäuel in verschiedenen Lösungsmitteln. Sie zeigen auch, daß in den Submizellkernen der wäßrigen Solvate D_c-Diaden und innen nichtassoziierte Diaden vorherrschen, während in den Submizellkernen der Alkoholsolvate innen assoziierte Multidiaden überwiegen, was gut mit den KMR-Spektren übereinstimmt. Zwischen 50 und 80 °C sind die PMS-Subsolvate (Ib) ebenfalls relativ fest, aber in schwächerem Maße und mit niedrigerem α als unter 35 °C. Sowohl diese als auch ihre wäßrigen und Alkoholsulvathüllen besitzen vorwiegend w-Struktur. Die Modelle deuten an, daß bei 35 bis 40 °C ein kooperativer Übergang der g-Solvathüllen in w-Solvathüllen und außerhalb derselben erfolgt.

Ein analoger g/w-Übergang erfolgt in den multiaden Submizellkernen bei etwa 50 °C. Diese Übergänge erscheinen in Abhängigkeit der rheologischen und anderer Eigenschaften von der Temperatur [18].

Wie aus dem Modell III ersichtlich ist, enthält das wäßrige Submizellsolvat bei hohem Ionisationsgrad ($\alpha \to 1$) im Grenzfalle einen PMS-Subkern mit trans-Konformation der Kohlenwasserstoffgrundketten und alternierter Verteilung der elektrischen Ladungen. Das kann als innere Submizellionisierung angesehen werden. Aus einem querbiphilen, wie in den wäßrigen PMS-Lösungen mit niedrigem α, entsteht ein quermonophiler Submizellkern, während sich seine Solvathülle in eine doppelte elektrische Schicht verwandelt.

Die wäßrigen Submizellsolvate der Polymethacrylanionen werden bei hohem Ionisationsgrad folglich durch eine grundverschiedene Struktur im Gegensatz zu den alkoholischen und wäßrigen Submizellsolvaten und der nichtionisierten oder schwachionisierten PMS gekennzeichnet. Sie besitzen trans-Konfiguration und folglich viel größere Abmessungen. Das stimmt mit den Resultaten der Untersuchungen der Eigenschaften und Struktur wäßriger Lösungen der Polymethacrylsalze überein [2, 13, 15].

Anhand der oben dargelegten Vorstellungen über die Submizellsolvatstruktur nichtionisierter und ionisierter Polymethacrylsäuremakromoleküle in wäßrigen Lösungen lassen sich die „anomalen" Abhängigkeiten der Eigenschaften dieser Lösungen von ihren thermodynamischen Parametern glaubwürdig erklären. Eine detaillierte Ausführung soll in einer späteren Arbeit erfolgen.

In Ergänzung der bisherigen Diskussion soll kurz noch die Struktur von Solvaten aus ionisierten Submizellkernen und -hüllen mit verschiedenen, in den PMS-Salzlösungen auftretenden Ionen betrachtet werden.

Modell III, das weiter oben besprochen wurde, beschreibt gut die Struktur der Submizellsolvate in wäßrigen Lösungen der PMS-Salze von Metallen, deren Kationen monophil (hydrophil) sind. Es spiegelt die Tatsache wider, daß die Carboxylatanionen des Submizellkerns bei unterschiedlichen Alkali- und Erdalkaligegenanionen in stark polarem wäßrigem Mittel ein und dieselbe IR-Absorptionsbande (1546 bis 1550 cm^{-1}) [4] aufweisen. Wasserfreie Salze in festem kondensiertem Zustand zeigen eine spezifisch verschobene IR-Bande der Carboxylationen infolge der Entstehung von Kontaktpaaren mit unterschiedlichen Gegenkationen. Es ist möglich, daß die Gleichgewichtsstruktur der Submizellen in diesem Zustand kompakt, biphil und mit gF-Konformation der Kohlenwasserstoffketten ist (Modell IVa). Von besonderem Interesse ist die Frage der Submizellsolvatstruktur von PMS-Salzen biphiler basischer Verbindungen, wie Aminen. Letztere sind als Stoffe (Tenside) bekannt, die in Lösung Globul- und Schichtmizellen bilden. Es ist deshalb anzunehmen, daß die Submizellsolvate der PMS-Salze mit organischen Basen in verdünnten Lösungen eine kompliziertere Mischstruktur aufweisen, die in hohem Maße vom Aufbau der Gegenkationite bestimmt wird und auf komplizierte Art von den Bedingungen abhängig ist.

Dafür sprechen beispielsweise die Ergebnisse unserer Untersuchungen über Temperatur- und Konzentrationsabhängigkeit der optischen Drehung von in Wasser und Äthylenglykol gelösten Nicotinpolymethacrylaten [19, 20, 21], die an dieser Stelle nicht behandelt werden können.

Die Mizellsolvatstruktur der PMS-Salzlösungen mit biphilen Gegenkationen wird ausführlich an anderer Stelle behandelt. Hier soll nur ein Modell (IVb) angeführt werden, das die Struktur der Submizellsolvate eines PMS-Salzes mit kontaktgebundenen biphilen einwertigen Gegenkationen (z. B. Monoalkylamine) beschreibt. Je nach Lösungsmittel und Konzentration, Länge der Alkylkette und Basizität der Aminogruppe können Makromolekülknäuel diesen oder eines anderen Typs Submizellsolvate und Mizell-Homosolvate der Base entstehen und gleichzeitig existieren.

5. *Morphologie der übermolekularen, aus Lösungen gebildeten Polyelektrolytstrukturen*

Die Morphologie der übermolekularen, aus Lösungen gebildeten Polyelektrolytstrukturen war bisher Gegenstand recht ausführlicher und interessanter Untersuchungen in verschiedenen Aspekten unter Benutzung einer bedeutenden Anzahl verschiedener Objekte [22 bis 28, 31, 34 bis 36].

Die Analyse der bei diesen Untersuchungen gewonnenen Versuchsergebnisse unter dem Gesichtspunkt der in den vorangehenden zwei Abschnitten dargelegten Ansichten wird Gegenstand einer späteren Arbeit sein.

Zusammenfassend soll hier nur hervorgehoben werden, daß Morphologie und Bildungsmechanismus übermolekularer Polyelektrolytstrukturen aus Lösungen von zwei Hauptfaktoren abhängig sind: a) vom Typ des Sub- und Supermizellsolvataufbaus der Ausgangsprodukte, b) vom thermodynamischen Charakter, der Geschwindigkeit des Prozesses der Bildung von Polyelektrolytstrukturen sowie den Bedingungen, unter denen dieser verläuft. Beispiele für die Rolle der Sub- und Supermizellstruktur der polyelektrolytischen Ausgangslösung sind in einer Reihe unserer Veröffentlichungen [23 bis 27] über die Morphologie der übermolekularen, aus PMS-Salzlösungen von Ammoniak und biphilen Basen (aliphatische und cyclische Monoamine und Nicotin) entstehenden Strukturen enthalten sowie in vielen der weiter oben zitierten Abhandlungen. Dort sind auch Angaben zu finden, die die Vorstellung von den Makromolekülen der Polyelektrolyte in verdünnten Lösungen als Knäuel mit Submizellsolvatstruktur bestägigen.

Der beste Beweis dafür, wie groß der Einfluß der Bedingungen auf die Morphologie der übermolekularen aus Lösungen entstehenden Polyelektrolytstrukturen ist, sind die Ergebnisse von Versuchen zur Bildung geordneter Gele bei gerichteter Ionendiffusion [28].

Die Entstehung polyelektrolytischer Strukturen aus Lösungen kann zusammenfassend als Prozeß der Abtrennung neuer kristalliner, mesomorpher oder amorpher Phasen aus dem flüssigen mesomorphen oder amorphen Polymersystem aufgefaßt werden.

Literatur

[1] *Grigor'ev A. I., Volkova, L. A.*, und *Pticyn, O. B.*: Diffuse Streuung der Röntgenstrahlen durch Lösungen von Polymethacrylsäure. Vosokomol. Soed. (Hochmol. Verb.) B **11** (1969) 3, S. 231—234; dt. in: Sowj. Beitr. Faserforsch. Textiltechnik **6** (1969) 8, S. 393—394.

[2] *Grigor'ev, A. I., Volkova, L. A.*, und *Pticyn, O. B.*: Untersuchung der Nahordnung der Polymethacrylsäuremoleküle in verschiedenen Lösungsmitteln nach der Methode der diffusen Röntgenstreuung. Vysokomol. Soed. (Hochmol. Verbind.) Serie A **12** (1970) 6, S. 1363 bis 1368.

[3] *Belopolskaja, G. V.*, und *Trapesnikova, O. N.*: Untersuchung von IR-Spektren der Polymeren und des Monomeren von Methacrylsäure. Optika i Spektroskopija, Moskva **20** (1966) S. 246—251.

[4] *Leyte, J. C., Zniderweg, L. A.*, und *Vledder, H. J.*: An IR investigation of polyion counterion interactions. Spectrochim. Acta A **23** (1967) 5, S. 1397—1407.

[5] *Volček, B. Z., Kol'cov, A. I., Nekrasova, T. N.*, und *Purkin, A. V.*: Einfluß von Wasserstoffbindungen auf die molekulare Struktur von Polymethacrylsäure-Molekülen. Vysokomol. Soed. (Hochmol. Verbind.) Serie B: Kratkie Soobšč. (Kurzmitt.) **12** (1970) 10, S. 754—756.

[6] *Samojlov, O. I.*: Struktur der Elektrolytwasserlösungen und Ionenhydratation (russ.). Moskva: Nauka 1957, S. 30.

[7] *Pauling, L.*: The Nature of the Chemical Bond. New York: Ithaca 1960.

[8] *Nemethy, G.*, und *Scheraga, H. A.*: Structure of water and hydrophobic bonding in proteins. I. A model of the thermodynamic properties of liquid water. J. chem. Physics **36** (1962) S. 3382—3400.

[9] *Malkiev, V. I.*, und *Mursin, V. N.*: Untersuchung über die experimentelle und theoretische Physik (russ.). Moskva: Akad. Nauk UdSSR, Physikalisches Institut „Lebedev", 1959.

[10] *Thomas, L. H.*, und *Meatyar, L.*: Viscosity and molecular association. Part. VI. Association of dihydric alcohols and phenols. J. chem. Soc., Inorg., Physics, Theoret. A (1966) 1, S. 92—96.

[11] *Crescenzi, V.*: Some recent studies of polyelectrolyte solutions. Advances Polymer Sci./Fortschritte Hochpolymeren-Forsch. **5** (1968) S. 358—386.

[12] *Crescenzi, V., Quadrifoglio, F.*, und *Delben, F.*: Calorimetric investigation of poly(methacrylic acid) and poly(acrilic acid) in aqueous solution. J. Polymer Sci., A-2: Polymer Physics **10** (1972) 2, S. 357—368.

[13] *Nekrasova, T. N., Pticyn, O. B.*, und *Sikanova, M. S.*: Viskosimetrische Untersuchung des Konformationsüberganges bei der Ionisierung der Polymethacrylsäure. Vysokomol. Soed. (Hochmol. Verbind.) A **10** (1968) 7, S. 1530—1538.

[14] *Frisman, E. V., Sibileva, M. A., Nguen Kim Ngan*, und *Nekrasova, T. N.*: Einfluß des Mediums auf die Abmessungen und Form von Polymethacrylsäuremolekülen in nichtionisiertem Zustand. Vysokomol. Soed. (Hochmol. Verbind.) A **10** (1968) 8, S. 1834—1844.

[15] *Nekrasova, T. N., Gabrieljan, A. G.*, und *Pticyn, O. B.*: Bestimmung thermodynamischer Kriterien für den Konformationsübergang von Polymetharylsäure aus potentiometrischen Kurven. Vysokomol. Soed. (Hochmol. Verbind.) A **10** (1968) 2, S. 297—302.

[16] *Nekrasova, T. N.*, und *Čurylo, E.*: Einfluß des Lösungsmittels und der Ionisation auf die Konformationsübergänge in Molekülen der Polymethacrylsäure. Vysokomol. Soed. (Hochmol. Verbind. A **11** (1969) 5, S. 1103—1108.

[17] *Liquori, A. M., Baroni, G., Crescenci, V., Quadrifoglio, F.*, und *Vitagliano, V.*: The influence of hydrophobic forces on polyelectrolyte conformations in solution. International Symposium on Macromolecules, Prague 1965, Preprint S. 588

[18] *Urazovskij, S. S.*, und *Sljusarov, I. T.*: Untersuchung von Konformationsumwandlungen von Makromolekülen in Lösung. I. Über die Konformationsumwandlungen der Polymethacrylsäure. Vysokomol. Soed. (Hochmol. Verbind.) **3** (1961) 3, S. 420—425.

[19] *Michajlov, M.*, und *Baldžieva, R.*: Optical activity of poly (methacrylic acid) salts with nicotine in aqueous solution. Makromol. Chemie **123** (1969) S. 135—143.

[20] *Michajlov, M.*, und *Baldzieva, R.*: Optival activity of the nicotine salt of poly (methacrylic acid) in ethylene glycol solution: Commun. Dep. Chem. Bulg. Acad. Sci. **3** (1970) 2, S. 259—265.

[21] *Michajlov, M.*, und *Baldžieva, R.*: Temperature dependence of the optical activity of nicotine salts of poly (methacrylic acid) in dilute aqueous solutions. J. Polymer Sci. C: Polymer Symposia (1972) im Druck.

[22] *Sogolova, T. I.*, und *Sapožnikova, I. N.*: Modifizierung der übermolekularen Strukturen eines amorphen Polyelektrolyten. Vysokomol. Soed. (Hochmol. Verbind.) Serie A **13** (1971) 2, S. 461–466.

[23] *Fakirov, S.*, *Simov, D.*, *Baldžieva, R.*, und *Michajlov, M.* Morphologie der übermolekularen Strukturen der aus Lösung auf eine feste Unterlage adsorbierten Nikotinsalze von Polymethacrylsäuren. Makromol. Chemie **133** (1970) S. 139–150.

[24] *Fakirov, S.*, *Simov, D.*, *Baldžieva, R.*, und *Michajlow, M.*: Untersuchung über Strukturen der Salze der ataktischen Polymethacrylsäure. Makromol. Chemie **138** (1970) S. 27–36.

[25] *Fakirov, S.*, *Simov, D.*, *Baldžieva, R.*, und *Michajlow, M.*: Über die Abmessung der Globula aus Lösungen der Nicotinsalze von isotaktischer Polymethacrylsäure auf feste Unterlage. Commun. Dep. Chem. Bulg. Acad. Sci. **3** (1970) S. 743–748.

[26] *Fakirov, S.*, *Simov, D.*, *Baldžieva, R.*, und *Michajlow M.*: On the salts of globules obtained from nicotine polymethacrylate solutions varying in molecular weight. C. R. Acad. Bulg. Sci. **23** (1970) 7, S. 795–797.

[27] *Fakirov, S.*, *Simov, D.*, *Baldžieva, R.*, und *Michajlow, M.*: Über die Strukturbildung aus Salzlösungen der ataktischen Polymethacrylsäure mit n-Alkylaminen. Makromol. Chemie **151** (1972) S. 149–158.

[28] *Thiele, H.*, *Pohnka, K.*, *Branolt, E.*, und *Moll, G.*: Ordnen von Polyelektrolyten durch Ionendiffusion. Kolloid-Z. u. Z. Polymere **182** (1962) 1/2, S. 24–35.

[29] *Cvetkov, V. N.*, *Eskin, V. E.*, *Frenkel', S. Ja.*: Struktur der Makromoleküle in Lösungen (russ.). Moskva: Nauka 1964, S. 65, 194, 696.

[30] *Derjagin, B. V.*, und *Čuraev, N. V.*: Neue Eigenschaften der Flüssigkeiten. Superdichtes Wasser. (Wasser II) (russ.). Moskva: Nauka 1971, S. 11.

[31] *Kargin, V. A.*, und *Slonimskij, G. L.*: Kurze Notizen über die physikalische Chemie der Polymeren (russ.). Moskva: Chimija 1967.

[32] *Grigor'eva, F. P.*, *Birštejn, T. M.*, und *Gotlib, Ju. Ja.*: Intramolekulare Wechselwirkungen und Kettenkonformationen beim stereoregulären Polymethacrylat. Vysokomol. Soed. (Hochmol. Verbind.) A **9** (1967) 3, S. 580–587.

[33] *Geil, F. H.*: Polymere Monokristalle. (russ. Übersetzung aus dem Engl.) Leningrad: Chimija 1968, S. 478 (Ergänzungen I und II).

[34] *Frenkel', S. Ja.*, *Barabanov, V. G.*, und *Volkov, T. I.*: A study of the formation of supermolecular order in polymeric solutioms by means of low-angle scattering of polarized light. J. Polymer Sci., C: Polymer Symposium (1967) 16 (3), S. 1655–1666.

[35] *Frenkel', S. Ja.*, *Eljaševič, G. K.*, und *Panov, Ju. N.*: Fortschritte der Chemie und Physik der Polymeren (russ.). Moskva: Chimija 1970, S. 87.

[36] *Morawetz, H.*: Makromoleküle in Lösung (russ.). Moskva: Mit 1967.

Eingegangen am 4. Oktober 1972

Synthese und Eigenschaften von Quecksilber-Polyelektrolyten[1]

Jiří Štamberg

Institut für Makromolekulare Chemie, Tschechoslowakische Akademie der Wissenschaften, Prag 6, ČSSR

Harry P. Gregor

Department of Chemical Engineering and Applied Chemistry, Columbia University in the City of New York, New York N.J., USA

DK 678.864.9 :541.135–126 :678.019.253 :541.8 :541 574

Die besondere Stabilität der Quecksilber/Kohlenstoff-Bindung ermöglicht die Herstellung einer Reihe sehr stabiler Polyelektrolyte, die das Hg^+-Kation als funktionelle Gruppe aufweisen. Eine Reihe von polymeren Quecksilberverbindungen mit unterschiedlichem Quecksilbergehalt wurde hergestellt. Die Gegenwart von Quecksilberatomen in diesen organischen Polymeren führte zu einer signifikanten Verschlechterung ihrer Löslichkeit, und selbst die linearen Produkte zeigten nur begrenzte Quellung in Wasser, Besondere Aufmerksamkeit wurde den mercurierten Styrol-Divinylbenzol-Copolymeren gewidmet. Die Anwendung der mercurierten Polymeren bei der Flüssigkeits- und Gaschromatographie wurde untersucht.

Синтез и свойства ртутьсодержащих полиэлектролитов

Высокая прочность связи ртуть — углерод позволяет получить ряд очень стабильных полиэлектролитов, содержащих Hg^+ -катион в качестве функциональной группы. Описан синтез ряда полимерных соединений ртути с различным содержанием ее. Наличие атомов ртути в этих органических полимерах сопровождается значительным ухудшением их растворимости, причем даже линейные продукты показывают лишь ограниченное набухание в воде. Особое внимание было уделено меркурированным сополимерам стирола и дивинилбензола. Изучена возможность применения меркурированных полимеров в жидкостной и газовой хроматографии.

Synthesis and Properties of Mercury Polyelectrolytes

The high stability of the mercury-carbon bond allows the preparation of a series of highly stable polyelectrolytes having the Hg cation as functional group. Various polymeric mercury compounds containing different amounts of Hg were prepared. The presence of mercury atoms in these organic polymers results in a significant decrease of their solubility, and even linear products show limited swelling in water. Special attention was given the styrenedivinylbenzene copolymers. The application of mercurated polymers in liquid and gas chromatography has been investigated.

[1]) Vorgetragen von *J. Štamberg* auf dem Internationalen Mikrosymposium „Polyelektrolyte" am 8. und 9. Oktober 1972 in Rostock.

Einleitung

Die den organischen Polymeren mit kovalent gebundenen Quecksilberatomen gewidmete Aufmerksamkeit erklärt sich durch die große Stabilität organischer Quecksilberstrukturen und die Herstellungsmöglichkeit spezieller Arten von organischen Polyelektrolyten mit metallischen Kationen als aktive Gruppen. Verschiedene Autoren beschrieben Organoquecksilberpolymere als selektive Ionenaustauscher für anorganische Anionen [1 bis 4] und als Adsorber für Substanzen mit Sulfhydrylgruppen [5]. Wir haben verschiedene Verfahren zur Herstellung von polymeren Quecksilberverbindungen untersucht und bei den Produkten die Struktur und Quellungseigenschaften geprüft, die Aufnahme von Harnstoff aus verdünnten wäßrigen Lösungen gemessen (0,03 m) und einige spezielle Anwendungen in der Chromatographie erkundet.

Experimenteller Teil

Ausgangspolymere

Lösliches Phenol/Formaldehyd-Harz, BKS-2600, Union Carbide (A). Hochporöses Phenolharz-Adsorbens, Duolite S 30, Diamond Shamrock Chemical Co. (B).

Phenolharz-Absorbens mit tertiären Aminogruppen, Duolite S 33, Diamond Shamrock Chemical Co. (C).

Resorcin (1 mol) und NaOH (1 mol) wurden in Wasser (15 mol) gelöst und mit 37%iger wäßriger Lösung von Formaldehyd (2 mol) gemischt. Die Reaktionsmischung wurde erwärmt (95 bis 100 °C) und nach Gelbildung in einer verschlossenen Flasche bei Zimmertemperatur stehengelassen. Am nächsten Tag wurde das Resorcin/Formaldehyd-Harz mit geringerem Vernetzungsgrad naß gemahlen und gesiebt (14 bis 18 mesh.) Ausbeute (Volumen der Harzschicht): 341 cm³ (D).

Sulfoniertes Styrol/Divinylbenzol-Copolymeres, Zerolite (48 bis 100 mesh), Zerolit Limited, England. Der Divinylbenzolgehalt, das durch Massezunahme bestimmte Quellungsvermögen (g Wasser/g Trockensubstanz) und die Gesamtaustauschkapazität (mÄqu/g) waren 2%, 8%; 4,94, 1,09; 4,84, 5,27.

Homogenes Styrol/Divinylbenzol-Copolymeres, Divinylbenzolgehalt 2%, 48 bis 100 mesh.

Makroporöses Styrol/Divinylbenzol-Copolymeres (65 bis 100 mesh), Synachrom, hergestellt von Lachema, ČSSR.

Mercurierung der Formaldehydharze

A: BKS-2600 (30 g) wurde in Äthanol (95 cm³) gelöst und mit einer Lösung von Quecksilberacetat (20 g) in Äthanol (100 cm³) bei 35 °C gemischt, wobei sich fast augenblicklich ein gelber Niederschlag bildete. Nach zwei Tagen wurde das Reaktionsprodukt abfiltriert und mit kochendem Äthanol und Wasser extrahiert. Ausbeute 20 g.

B: Trockenes Duolite S 30 (30 g) wurde in Äthanol (95 cm³) dispergiert und mit einer Lösung von Quecksilberacetat (20 g) in Äthanol (100 cm³) gemischt. Die Lösung wurde unter dem Rückflußkühler gekocht (5 min) und bei Zimmertemperatur gerührt (2 Tage). Das Produkt wurde mit heißem Äthanol und Wasser extrahiert. Ausbeute 32,8 g.

C: In Wasser gequollenes Duolite S 33 (50 cm³) wurde wiederholt (5 mal in 24 h) mit Eisessig (100 cm³) gemischt und dekantiert. Die schließlich erhaltene Suspension wurde mit einer Lösung von Quecksilberacetat (135,5 g) in Essigsäure (100 cm³) gemischt und die Probe wurde mercuriert (1 Tag bei Zimmertemperatur und 2 h bei 90 °C.) Das Produkt wurde abgetrennt und mit Essigsäure (2mal 100 cm³, der erste Teil bei 90 °C), Äthanol (5mal 50 cm³), verdünter (2%iger) Essigsäure (5000 cm³) und Wasser (2000 cm³) extrahiert. Ausbeute (Volumen der Harzschicht): 68 cm³.

D: In Wasser gequollenes Resorcin/Formaldehyd-Harz (134 cm³) in Essigsäure (100 cm³) wurde in der gleichen Weise wie C (Duolite S 33) mit Quecksilberacetat (67,75 g) in Essigsäure (100 cm³) mercuriert. Ausbeute (Volumen der Harzschicht): 38 cm³.

Mercurierung der sulfonierten Styrol/Divinylbenzol-Harze

Die Mercurierungslösung wurde aus Quecksilberoxid (152,25 g), 70%iger Perchlorsäure (252,31 g) und Wasser zu einem Gesamtvolumen von 500 cm³ hergestellt. Der Gehalt an HgO (bestimmt durch chelatometrische Tritration) war 0,2898 g/cm³, die Dichte bei 20 °C war 1,488 g/cm³.

Ein näherungsweise abgemessenes Volumen des in Wasser gequollenen zentrifugierten Zerolit-Harzes (entsprechend 1,00 ± 0,05 g) wurde genau gewogen (Volumen der Harzphase V_r in cm³ berechnet) und mit der Mercurierungslösung (V_m, cm³) und Wasser (V_w, cm³) gemischt. Das Molverhältnis $Hg/{-SO_3H} = 1{,}1$ und die Bedingung $V_r + V_m + V_w = 10$ wurden eingehalten. Die Reaktionsmischung wurde in einem durch Glasstöpsel verschlossenem Reagenzglas in einem Wasserthermostaten bei bestimmter Reaktionstemperatur und -dauer gerührt. Das mercurierte Produkt wurde filtriert, mit verdünnter Perchlorsäure und mit Wasser bis zur Neutralität von Quecksilberkationen freigewaschen, zentrifugiert, genau gewogen, im Vakuum getrocknet und gewogen. Die Masse-Quellungswerte für Wasser wurden berechnet und die Elementarzusammensetzung, insbesondere der Quecksilbergehalt, wurde bestimmt.

Mercurierung von homogenen Styrol/Divinylbenzol-Copolymeren

Diese wurde nach *T. G. Traylor* [9] durchgeführt.

Mercurierung eines makroporösen Styrol/Divinylbenzol-Copolymeren

Synachrom (0,203 g) in Nitrobenzol (4,1 cm³) und Essigsäure (0,1 cm³) wurde mit einer Lösung von Quecksilberacetet (1,244 g) in 70%iger Perchlorsäure (0,488 cm³) und Essigsäure (4 cm³) gemischt, Nach 20 h bei Zimmertemperatur wurde das mercurierte Produkt abfiltriert, mit verdünnter Essigsäure gewaschen und im Vakuum getrocknet.

Messung der Quellung

Die mercurierten Polymeren wurden in spezielle Säulen [13] gebracht, mit dem Lösungsmittel ins Gleichgewicht gebracht, zentrifugiert und genau gewogen. Das Lösungsmittel wurde verschiedene Male ausgetauscht, und das Verfahren wurde wiederholt. Schließlich wurde die Probe in der Säule im Vakuum getrocknet, gewogen und die Lösungsmittelaufnahme (g/g Trockensubstanz) berechnet. Im Fall der binären Wasser/Essigsäure-Mischungen wurden zwei Meßreihen, jede mit zwei Proben, durchgeführt. Bei der ersten wurde die Konzentration der Essigsäure allmählich von 100% Essigsäure zu Wasser herabgesetzt. Bei der zweiten folgte nach einer ähnlichen Herabsetzung ein Heraufsetzen vom Wasser zurück zur Essigsäure, wobei das Gleichgewicht nur sehr langsam ereicht wurde.

Ergebnisse und Diskussion

Es gibt im wesentlichen zwei Verfahren zur Herstellung von Polymeren mit Quecksilberkationen: 1. Eine Quecksilber enthaltene, niedermolekulare Substanz kann polymerisiert werden, 2. Polymere verschiedener Art können durch Mercurieren umgewandelt werden:

$HgX + L$ durch Polyreaktion — $Hg^{++} + [H]_n$ durch Mercurieren

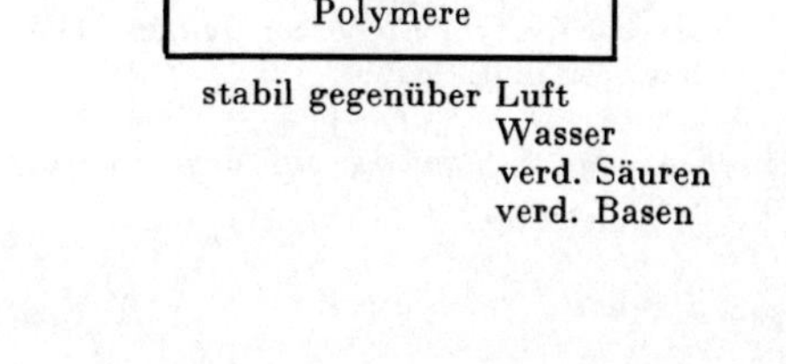

stabil gegenüber Luft
Wasser
verd. Säuren
verd. Basen

Tabelle 1. Mercurierte Phenol/Formaldehyd-Harze

Ausgangspolymeres	Hg %	Harnstoff-aufnahme m mol/g	Verhältnis der rel. Molekülmassen Harnstoff/Hg
A Phenol/Formaldehyd, löslich	47,23	0,442	0,19
B Phenoladsorbens, hochporös	14,66	0,200	0,27
C Phenoladsorber, tert. Aminopruppen	34,82	0,131	0,08
D Resorcinol/Formaldehyd, gering vernetzt	25,19	0,473	0,38

Die Hauptschwierigkeit des ersten Verfahrens besteht in der geringen Löslichkeit der Organoquecksilberverbindungen. Doch kann z. B. p-Aminophenylquecksilberacetat in Essigsäure gelöst und mit Formaldehyd bei Zimmertemperatur zu einem weißen Niederschlag umgesetzt werden. Ein spezieller Fall des ersten Verfahrens ist die Herstellung von Mercarbiden, z. B. aus HgO und Äthanol in Gegenwart von KOH. Der aus den Formeln [1]

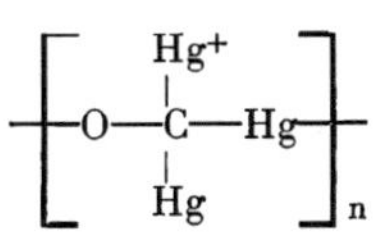

oder

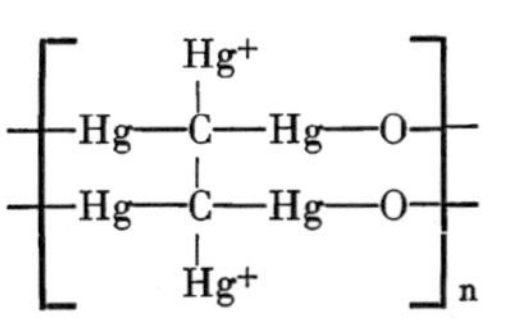

hergeleitete theoretische Gehalt ist 86,99% Hg. Unser Produkt enthielt 82,08% Hg, und 0,265 mmol Harnstoff/g (0,19 mmol Harnstoff/mmol R-Hg^+) wurden gebunden.

Das zweite Verfahren, die Mercurierung von polymeren Substanzen, bietet mehr Möglichkeiten zur Herstellung von polymeren Quecksilberverbindungen. Schon früher wurde diese Reaktion nicht nur bei niedermolekularen organischen Verbindungen [6], sondern auch bei Polymeren [7, 8, 9] benutzt. In unseren ersten Versuchen wurden Phenol/Formaldehyd-Harze verschiedener Art mercuriert (Tabelle 1). Der erste Versuch dieser Reihe hatte ein lösliches Phenolharz als Ausgangssubstanz. Das nach *H. T. Miles*, *E. R. Stadtman* und *W. W. Kielley* [5] hergestellte mercurierte Produkt hatte einen hohen Hg-Gehalt, doch wegen seiner pulverartigen Struktur war es für die Anwendung in Säulen nicht geeignet. In den folgenden Versuchen wurden granulierte Phenolharz-Adsorber mit handelsüblicher Korngröße (0,3 bis 1,2 mm) als Ausgangssubstanzen benutzt. Sowohl die Mercurierung als auch die Adsorption von Harnstoff waren von der Zugänglichkeit der Polymerstruktur für die Wechselwirkung mit den niedermolekularen Verbindungen abhängig. Demgemäß nahm der Mercurierungsgrad mit abnehmendem Vernetzungsgrad (B-D-A Polymere) zu und die Harnstoffaufnahme war höher, wenn der Vernetzungsgrad, ja sogar der Quecksilbergehalt geringer waren (B—D und A—D). Das Einführen von Aminogruppen in den Phenolharz-Adsorber (Polymeres C) verstärkte die Mercurierung, setzte aber die Aufnahmefähigkeit der Quecksilbergruppen für Harnstoff herab.

Mit verschiedenen weiteren Proben wurde versucht, die Beeinflussungsmöglichkeiten des Mercurierungsgrades durch hydrophilierende Zusatzstoffe aufzuklären. Polymermischungen von Resorcin/Formaldehyd-Harzen mit Polyvinylalkohol oder Polystyrolsulfonsäure wurden mercuriert, jedoch wurde kein positiver Hydrophilisierungseffekt festgestellt.

Weitere Versuche befaßten sich mit Polystyrolstrukturen, vornehmlich mit sulfonierten Styrol/Divinylbenzol-Copolymeren (starksaure Kationenaustauscher). Der Mercurierungsverlauf für zwei mit 2 und 8% Divinylbenzol (DVB) vernetzten Harzen wurde gemessen (Bild 1). Überraschenderweise verlief die Reaktion mit 8% DVB viel schneller als mit 2% DVB. Wahrscheinlich liegt die Ursache für dieses unerwartete Verhalten in einer höheren Konzentration des Mercurierungsmittels, den Hg^{++}-Gegenionen, in der polymeren Phase bei 8% DVB-Harz. Das Quellvermögen (g H_2O/g Trockensubstanz) war 1,09 und 4,94 für 8% bzw. 2%

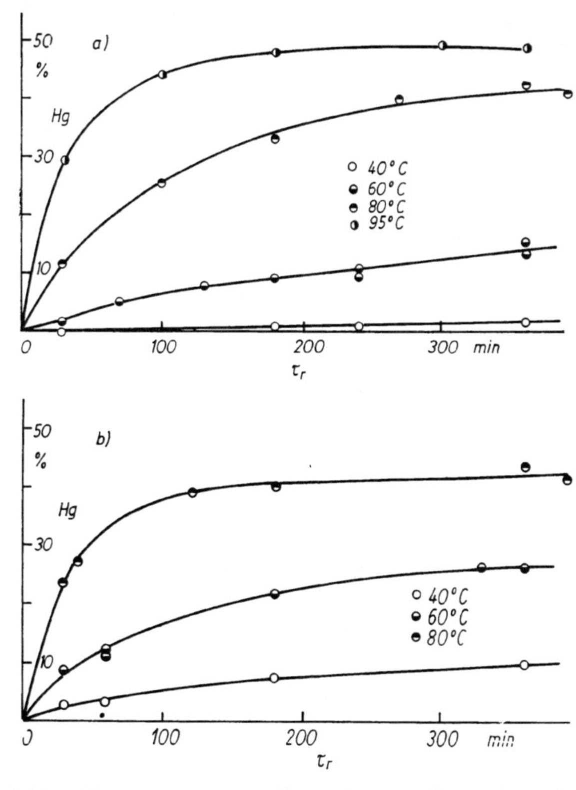

Bild 1. Mercurierung von sulfonierten Styrol/Divinylbenzol-Copolymeren
a) 2% DVB-Harz, b) 8% DVB-Harz

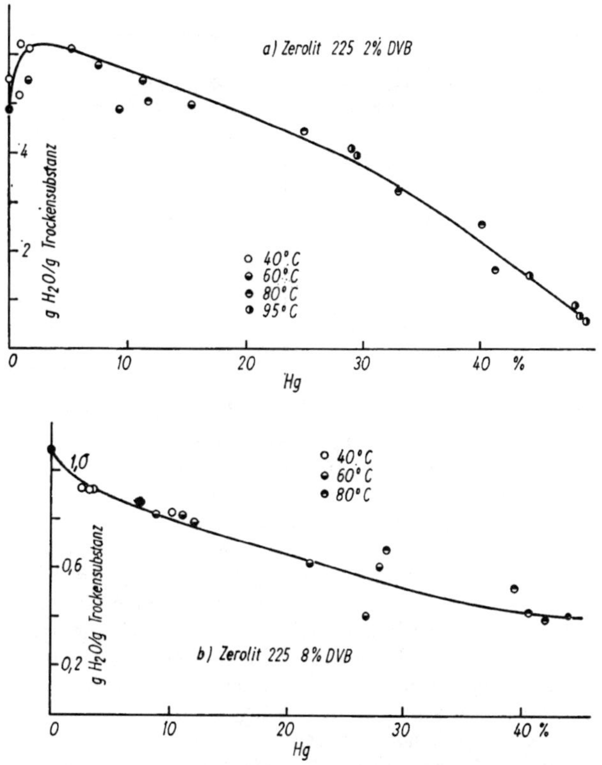

Bild 2. Quellung von mercurierten Zerolitharzen in Wasser
a) 2% DVB-Harz b) 8% DVB-Harz

DVB-Harz. Die Abnahme der Quellung während der Mercurierung (Bild 2) wurde durch *H. F. Walton* und *J. M. Martinez* [10] durch die Bildung von —Hg—Hg-Brücken zwischen den aromatischen Ringen erklärt. Da diese Strukturen keine Analogie in der organischen Chemie haben, sollten die bekannte geringe Löslichkeit der Quecksilberverbindungen in Wasser und/oder die Wechselwirkung der Quecksilber- und Sulfogruppen ebenfalls berücksichtigt werden.

Die Elementaranalyse der mercurierten Harze zeigte, daß die Mercurierung die Anzahl der Sulfogruppen in der Struktur unbeeinflußt läßt und daher der größte Teil der aromatischen Kerne disubstituiert sein muß (Tabelle 2). Wahrscheinlich tritt während der Mercurierung Isomerisation auf, und beide Substituenten nehmen die am besten zugängliche 3,5-Stellung ein. Ferner wurde ein weiteres 2% DVB-Harz (Dowex 50 × 2) mercuriert und die Harnstoff-

Tabelle 2. Zusammensetzung von Styrol/Divinylbenzol (DVB)-Harzen ; vor und nach der Mercurierung*

		2% DVB		8% DVB	
		vor	nach	vor	nach
Masse %	C	50,71	27,68	52,18	31,01
	S	16,67	8,69	16,63	9,67
	Hg	0,00	43,09	0,00	39,31
Atomverhältnisse	S/C	0,12	0,12	0,12	0,12
	Hg/C	0,00	0,09	0,00	0,08

*) Zerolit 225, Zerolit Limited, England

Tabelle 3. Quellung von mercurierten Styrol/Divinylbenzol-Copolymeren in Lösungsmittel/Polymeres-Verhältnissen

	B g/g	B′ cm^3/cm^3
Essigsäure	0,643	1,387
Nitrobenzol	0,449	0,848
Benzol	0,276	0,710
Tetrahydrofuran	0,262	0,667
Äthylacetat	0,144	0,363
n-Butanol	0,113	0,316
Aceton	0,111	0,317
Methanol	0,036	0,102
Wasser	0,06···0,28	0,14···0,63

2 % DVB/Copolymeres, 54,3% Hg, Acetatform, Dichte der Trockensubstanz $\varrho = 2{,}265$; B g Lösungsmittel/g Trockensubstanz, $B_v' = B_{\varrho/\varrho\,\text{Lösungsm.}}$

aufnahme gemessen. Der Mercurierungsgrad war sehr hoch (55,5% Hg), und die Harnstoffaufnahme erreichte nur einen vergleichsweise geringen Wert (0,347 m mol/g). Der Quecksilberverbrauch für die Reaktion mit Harnstoff war gering (13,5%). Diese Ergebnisse stehen offenbar mit der sehr geringen Quellung der Probe in Wasser (0,216 g H_2O/g Trockensubstanz) in Einklang.

Schließlich wurden unsubstituierte Polystyrole mercuriert. In unseren früheren Veröffentlichungen wurden optimale Bedingungen für die Mercurierung von linearem Polystyrol beschrieben [11] und die physikalische Struktur dieser Produkte diskutiert [12]. Zwei Proben (A, B) von mercuriertem, gering vernetztem Polystyrol (2% DVB) in Perlform wurden nach *T. G. Tray-*

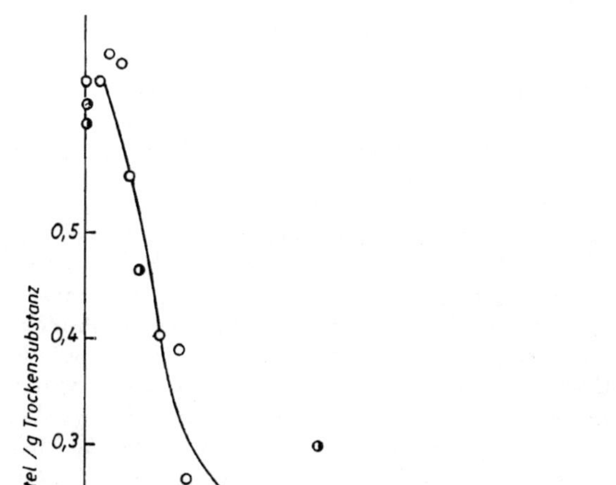

Bild 3. Quellung eines mercurierten Styrol/Divinylbenzol-Copolymeren (2% DVB) in binären Essigsäure/Wasser-Mischungen

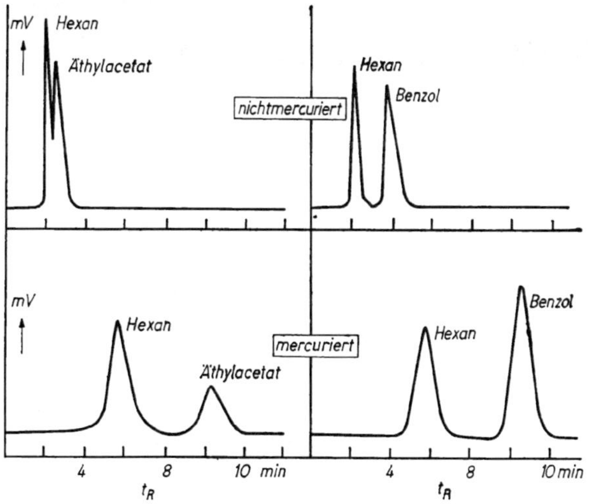

Bild 4. Gaschromatographische Trennungen an makroporösen Styrol/Divinylbenzol-Copolymeren (150 °C, N_2 35,9 cm³/min, Länge der Säule 1 m)

lor [9] hergestellt, und ihre Eigenschaften wurden untersucht. Sie enthielten 54,3 bzw. 52,6% Hg. Tabelle 3 zeigt die Quellungswerte für Polymer A in verschiedenen Flüssigkeiten. Es scheint, daß mercurierte Styrol/Divinylbenzol-Copolymere in nichtwäßrigen Lösungsmitteln praktische Anwendung finden könnten. Der höchste Wert wurde für Essigsäure gemessen, und ein sehr geringer wurde in Abhängigkeit vom Hydrolysegrad der Acetatform für Wasser gefunden. Bild 3 veranschaulicht die Änderung der Quellung in binären Mischungen dieser Lösungsmittel. Das Quellungsverhalten dieser Probe kam in der Wechselwirkung mit niedermolekularen Verbindungen zum Ausdruck. Die Kapazität des Polymeren B für Harnstoff in wäßriger Lösung betrug nur 0,134 m mol/g, in Übereinstimmung mit der geringen Quellung in Wasser (0,238 g/H_2O/g). Bei Gleichgewichtseinstellung mit verdünnter (1%) Tetrahydrofuran- (oder Benzol-) Lösung einer Styrol/Toluol-Mischung (1:1) nahm beim Polymeren A das Verhältnis Styrol/Toluol in der flüssigen Phase ab.

Ein makroporöses Styrol/Divinylbenzol-Copolymeres für die Gaschromatographie (Synachrom, hergestellt in der ČSSR) wurde mit dem reaktionsfähigen Acetatquecksilber(II)—perchlorat-Komplex [11] bei Zimmertemperatur mercuriert. Das Produkt zeigte gegenüber dem Ausgangspolymeren ein weitgehend abweichendes chromatographisches Verhalten (Bild 4). Zur Aufklärung dieser Erscheinung sind weitere Untersuchungen erforderlich.

Man kann die Schlußfolgerung ziehen, daß Organoquecksilberpolymere, die eine ungebräuchliche Klasse von organischen Polyelektrolyten darstellen, eine Anzahl von Anwendungen als selektive Anionenaustauscher und Adsorbentien für die Flüssig- und Gaschromatographie finden können. Die Zugänglichkeit von grobporigen mercurierten Copolymeren erlaubt eine Erweiterung ihrer bereits bekannten Anwendung in der Biochemie [5]. Nicht nur niedermolekulare Sulfhydrylverbindungen, sondern auch deren biopolymere Analoge können zwecks Trennung oder Erfüllung ihrer biologischen Funktionen auf einem festen Träger durch Quecksilbergruppen gebunden werden.

Danksagung

Diese Untersuchung wurde teilweise durch die Staatsdotation GM 15914 vom National Institute of General Medical Sciences und durch die Staatsdotation Ph 43-68-708 vom National Institute of Arthritis and Matabolic Deseases, Artificial Kidney Program, unterstützt. Beide Institute gehören zum Public Health Service, US Department of Health, Education and Welfare. Die Autoren bringen ihren Dank für diese Unterstützung zum Ausdruck.

Literatur

[1] *Weiss, A.*, und *Weiss, A.*: Das Mercarbid als Ionenaustauscher. Z. anorg. allg. Chemie **282** (1955) S. 324 bis 329.
[2] *Paškov, A. B.*, *Aleksandrova, V. F.*, *Itkina, M. I.*, und *Stbeneva, I. G.*: Synthese und Untersuchung von mercurierten Copolymeren. Plast Massy, Moskva (Plast. Massen) (1967) 3, S. 19—21.
[3] *Szczepaniak, W.*: Organomercuric polymers as ion exchangers. I. Anion exchange properties of mercurated styrene-divinylbenzene copolymers. Chem. Anal. (Warsaw) (1968) 13(3), S. 479.
[4] *Szczepaniak, W.*: Organomercuric polymers as ion exchangers. II. Ionexchange properties of a mercury-containing divinylbenzene-styrene copolymer of macroporous structure. Poznan. Tow. Przyj. Nauk. Pr. Kom. Mat.-Przyr., Pr. Chem. 12 (5) S. 303.
[5] *Miles, H. T.*, *Stadtman, E. R.*, und *Kielley, W. W.*: A resin for the selective retention of sulfhydryl compounds. J. amer. chem. Soc. **76** (1954) S. 4041—4042.
[6] *Kitching, W.*: Recent aspects of the mercuration reaction. Organometal. Chem. Rev. **3** (1968) S. 35.
[7] *Smirnov, R. N.*: Die Mercurierung von Polystyrol. Dokl. Akad. Nauk SSSR. **119** (1958) S. 508—510.
[8] *Gluskova, V. P.*, *Delinskaya, E. D.*, und *Kocheskov, K. A.*: Die Metallisierung von Polymeren. Dokl. Akad. Nauk SSSR **129** (1959) S. 109—112.
[9] *Traylor, T. G.*: Mercuration of aromatic polymers. J. Polymer Sci. **37** (1959) S. 541—542.
[10] *Walton, H. F.*, und *Martinez, J. M.*: Reactions of mercury (II) with a cation-exchange resin. J. physic. Chem. **63** (1959) S. 1318—1319.
[11] *Štamberg, J.*, und *Gregor, H. P.*: IUPAC International Conference on Chemical Transformations of Polymers, Bratislava 1971, Czechoslovakia.
[12] *Baldrian, J.*, *Gregor, H. P.*, und *Stamberg, J.*: Aggregate state of mercurated polystyrene. Coll. czechoslov. chem. Commun. **36** (1971) S. 4054.
[13] *Štamberg, J.*, und *Ševčik, S.*: Chemical transformation of polymers. III. Selective hydrolysis of a copolymer of diethylene glycol metacrylate and diethylene glycol dimetacrylate. Coll. czechoslov. chem. Commun. **31** (1966) S. 1009.

Eingegangen am 28. November 1972

Zum zeitlichen Verlauf der Quellung von Celluloseregeneratfäden und -folien in organischen Flüssigkeiten

Burkart Philipp, Harry Schleicher und Wolfgang Wagenknecht
Akademie der Wissenschaften der DDR, Institut für Polymerenchemie in Teltow-Seehof

DK 677.463 :678.542.3—416 :677.014.332.1 :547.279.521.1 :547.298.11'211

Es wird die Quellung von Regeneratcellulosen in DMSO, DMF, Äthanolamin und einigen weiteren Flüssigkeiten in Abhängigkeit von Zeit und Temperatur beschrieben und kinetisch ausgewertet. Der Einfluß der Löslichkeitsparameter der Flüssigkeiten und der Struktur der Regeneratcellulose auf die Quellungskinetik wird diskutiert.

К вопросу о кинетике набухания гидратцеллюлозных нитей и пленок в органических жидкостях

Проведено кинетическое исследование процесса набухания гидратцеллюлозных материалов в ДМСО, ДМФ, этаноламине и других жидкостях в зависимости от температуры. Обсуждено влияние параметров, характеризующих растворяющую способность жидкостей, и структуры гидратцеллюлозы на кинетику ее набухания.

The Time-dependence of the Swelling of Regenerated Cellulose Fibres and Films in Organic Liquids

The swelling of regenerated cellulose samples in DMSO, DMF, ethanol amine and some other liquids in dependence on time and temperature is described and the results are evaluated with respect to the swelling kinetics. The effects of dis solution parameters of the liquids and of the structure of the regenerated cellulose on the swelling kinetics is discussed.

1. *Einführung*

Während zur Quellung der Cellulose in Wasser und in wäßrigen Systemen eine Vielzahl methodischer und systematischer Arbeiten vorliegt, in denen auch der Einfluß einer unterschiedlichen übermolekularen und morphologischen Struktur der Cellulosefaser eingehend untersucht wurde, befassen sich verhältnismäßig wenig Publikationen mit der Wechselwirkung zwischen Cellulose und anderen Flüssigkeiten, wenn man einmal von den Arbeiten zur Aktivierung mit flüssigem Ammoniak bzw. mit niederen aliphatischen Aminen [1 bis 6] absieht. Einige Autoren verglichen Sorptions-, Quellungs- und Benetzungswärmen der Cellulose in organischen Flüssigkeiten mit den entsprechenden thermodynamischen Größen bei Quellung in Wasser [7 bis 13]. Daneben wurden Änderungen der übermolekularen und morphologischen Struktur der Cellulose beim Quellen in organischen Flüssigkeiten untersucht [14 bis 17], während *Vigo, Mitcham* und *Welch* [18] zur Dekristallisation von Baumwollcellulose eine Behandlung mit Benzyltrimethylammoniumhydroxid mit einer anschließenden Quellung in polaren organischen Flüssigkeiten kombinierten. Verschiedene Autoren befaßten sich mit einer Änderung makroskopischer Eigenschaften von Fasern und Papierblättern, insbesondere ihrer Festigkeit, nach Behandlung mit organischen Flüssigkeiten [19 bis 23]. Aufbauend auf einer älteren Arbeit von *Kress* und *Bialkowski* [24] hatten *Schwabe* und *Philipp* [25] den zeitlichen Verlauf der Dickenquellung von Zellstoffblättern in einer Anzahl organischer Flüssigkeiten verfolgt und ein Zeitgesetz zweiter Ordnung für diesen Vorgang diskutiert. Wir selbst beobachteten bei kürzlich publizierten Untersuchungen [26] zum Schleuderquellwert verschiedener Cellulosepräparate in einer größeren Anzahl protischer und aprotischer Flüssigkeiten einen sehr raschen Quellverlauf für native und regenerierte Cellulosepräparate, wenn protische Flüssigkeiten verwendet wurden, während in stark quellenden aprotischen Flüssigkeiten wie Dimethylsulfoxid nur mit nativen Cellulosepräparaten eine rasche, in ihrem zeitlichen Verlauf mit der angewandten Methodik nicht verfolgbare Quellung stattfand, mit Celluloseregeneratfäden hingegen der Quellprozeß stark verzögert und verlangsamt ablief. Anknüpfend an diese Arbeit sowie an die früheren kinetischen Untersuchungen von *Schwabe* und *Philipp*, sollen im folgenden einige Ergebnisse zum zeitlichen Verlauf des Schleuderquellwertes von Regeneratcelluloseproben unterschiedlicher morphologischer Struktur in verschiedenen organischen Flüssigkeiten zusammengefaßt werden.

2. *Bemerkungen zur Versuchsmethodik*

Als Ausgangsmaterial dienten:

eine Viskosezellwolle (Normaltyp) in nie getrocknetem und im produktionsgetrockneten und dann bei 65% rel. Feuchte konditionierten Zustande, $DP_{Cu} = 345$;
eine Super-II-Cordseide (konditioniert), $DP_{Cu} = 500$;
eine Kupferseide (konditioniert), $DP_{Cu} = 405$;
ein handelsübliches Viskose-Zellglas (konditioniert), $DP_{Cu} = 326$;
sowie zum Vergleich ein heißveredelter Fichtensulfit-Viskosezellstoff mit einem α-Cellulosegehalt von ca. 92% und einem Cuoxam-DP von $DP_{Cu} = 655$.

Als Quellmediem zogen wir in erster Linie die stark quellenden aprotischen Flüssigkeiten Dimethylsulfoxid (DMSO) und Dimethylformamid (DMF) sowie zum Vergleich die protischen Flüssigkeiten Äthanolamin, Wasser und Formamid heran. Tabelle 1 faßt die für den Quellprozeß relevanten Parameter dieser Flüssigkeiten sowie des vergleichsweise mit herangezogenen Methanols zusammen, wobei der aus der Kohäsionsenergiedichte

$$\text{CED} = \frac{\text{innere Verdampfungswärme } E}{\text{Molvolumen } V_M} \qquad \text{nach } \delta = \sqrt{\frac{E}{V_M}}$$

abgeleitete Löslichkeitsparameter [28] δ nach $\delta = \delta_H + \delta_P + \delta_D$ formal in einer zwar theoretisch umstrittenen, für halbquantitative Abschätzungen jedoch bewährten Weise in einen den H-Brückenbindungen zuzuordnenden Anteil δ_H, einen polaren Anteil δ_P und einen durch Dispersionskräfte verursachten Anteil δ_D aufgeteilt wurde (vgl. [29]).

Die Bestimmung des Schleuderquellwertes (im folgenden in Übereinstimmung mit unseren Arbeit [26] als „*LRV*" = Lösungsmittel-Rückhaltevermögen bezeichnet) erfolgte in Anlehnung an die von *Jayme* [27] gegebene Vorschrift durch 15 min Abschleudern bei 3600 g, nachdem das vorher in einer Schlagkreuzmühle zu Watte zerkleinerte Material

Tabelle 1. Parameter der eingesetzten Quellmedien

Substanz	Viskosität cP	Dichte bei 20° C g/cm³	Molvolumen bei 20 °C cm³	δ	δ_H	δ_P	δ_D
DMSO	$2{,}47^{20}$	1,100	71,0	22,0	5,0	8,0	9,00
DMF	$0{,}96^{20}$	0,948	77,4	20,7	5,5	6,7	8,52
Äthanolamin	$19{,}35^{25}$	1,022	59,8	26,35	10,4	7,6	8,35
Formamid	$3{,}76^{20}$	1,134	39,7	30,5	9,3	12,8	8,40
Wasser	$1{,}002^{20}$	0,998	18,1	38,0	16,7	15,3	6,0
Methanol	$0{,}60^{20}$	0,795	40,7	24,3	10,9	6,0	7,42
Pyridin	$0{,}95^{20}$	0,982	80,5	16,45	2,9	4,3	9,25

während unterschiedlicher Zeiten bei der jeweils angegebenen Temperatur im Bereich zwischen 20 und 80 °C bei einem Flottenverhältnis von 1 : 100 gequollen wurde.

3. *Versuchsergebnisse und ihre Auswertung*

Die in Tabelle 2 zusammengestellten, nach genügend langer Quellzeit erreichten Maximalwerte LRV_{max} zeigen, daß erstens Wasser unter den Quellmedien für Cellulose insofern keine Sonderstellung einnimmt, als es in seinem Quellvermögen von anderen protischen wie auch dem aprotischen DMSO noch übertroffen wird, daß zweitens bei den hier betrachteten, stark quellenden Flüssigkeiten zwischen nie getrockneter und trockener Zellwolle nur geringfügige Unterschiede in den LRV_{max}-Werten bestehen, diese aber erwartungsgemäß höher liegen als bei Fichtenzellstoff.

Innerhalb der Gruppe der Regeneratcellulosen ergibt sich für die am stärksten quellenden Medien DMSO und Äthanolamin eine Abstufung im LRV-Wert in der Reihenfolge Zellwolle < Cordseide < Kupferseide < Zellglas. Beim Übergang zu schwächer quellenden Medien bleibt diese Reihenfolge für Zellwolle, Kupferseide und Zellglas im wesentlichen erhalten, während LRV_{max} für Cordseide hier deutlich niedriger liegt. Der Einfluß des Molvolumens und der Löslichkeitsparameter δ_H und δ_P auf LRV_{max} sowie die dadurch bedingte Rangordnung der einzelnen Quellmedien wurden in unserer vorangegangenen Arbeit [26] ausführlich behandelt. Hingewiesen sei hier nur auf die trotz eines hohen δ_H und δ_P vergleichsweise geringe Quellung in Methanol, die man zumindest teilweise mit einer gegenüber Wasser stark verringerten Assoziatbildungstendenz in Verbindung bringen könnte.

Tabelle 2. Maximale Quellwerte LRV_{max} verschiedener Celluloseproben in stark quellenden Flüssigkeiten bei 20 °C

Cellulosepräparate	LRV_{max} in DMSO	DMF 60 °C	Äthanolamin	H_2O	Formamid	Methanol
FiSi-Zellstoff, lutro z. Vergl.	121	61	163	63	85	33
Zellwolle, nie getrocknet	197	98	280	95	119	46
Zellwolle, lutro	186	59	256	86	105	25
Cordseide, lutro	200	46	258	69	84	26
Kupferseide	221	58	276	96	104	23
Zellglas	225	76	278	127	142	30

Mit Methanol wurden übrigens ebenso wie bei anderen Medien mit nur mittlerer Quellwirkung auch erhebliche Unterschiede im LRV_{max} zwischen nie getrockneter und getrockneter Zellwolle festgestellt. Im Hinblick auf moderne Veredlungs- und Reinigungstechnologien sei ferner erwähnt, daß auch chlorierte aliphatische Kohlenwasserstoffe ein ähnlich geringes Quellvermögen zeigen wie unpolare Flüssigkeiten, z. B. n-Hexan.

Wie bereits einleitend betont, beobachteten wir im Gegensatz zu den in jedem Falle sehr rasch quellenden Flüssigkeiten Wasser und Formamid bei DMSO und DMF sehr starke Unterschiede im zeitlichen Verlauf der Quellung zwischen trockenen nativen und trockenen regenerierten Celluloseproben, die Bild 1 anhand einiger Beispiele veranschaulicht. Bei Raumtemperatur läßt sich dieser verzögerte und verlangsamte Quellverlauf von Regeneratcellulose vor allem mit DMSO als Quellmedium verfolgen: Sofort nach Beginn der Quellung wird ein LRV-Wert von ca. 15 bis 20% erreicht, der etwa dem durch mechanisch anhaftende Flüssigkeit bedingten LRV unpolarer nichtquellender Flüssigkeiten entspricht und über längere Zeit fast konstant bleibt. Erst nach Überwindung offensichtlich vorhandener Quellungshemmungen setzt dann Stunden später eine stärkere Quellung ein, bis dann nach Tagen ein Sättigungswert LRV_{max} erreicht wird, so daß sich insgesamt ein S-förmiger Quellverlauf ergibt. Eine Erhöhung der Quelltemperatur führt ohne wesentliche Änderung von LRV_{max} zu einem steileren Kurvenverlauf und einer Verkürzung der bis zum Einsetzen der stärkeren Quellung erforderlichen Zeit für DMSO (Bild 2) und läßt auch für DMF, das bei Raumtemperatur auch nach Tagen kaum quellend auf Celluloseregeneratfäden wirkt, einen S-förmigen Verlauf der

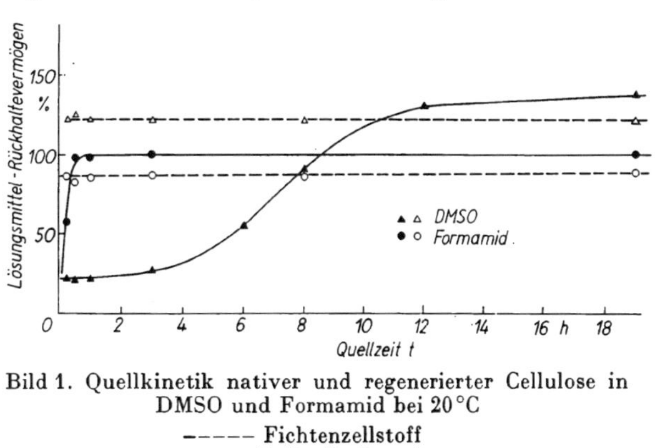

Bild 1. Quellkinetik nativer und regenerierter Cellulose in DMSO und Formamid bei 20 °C
----- Fichtenzellstoff
——— Zellwolle (lutro)

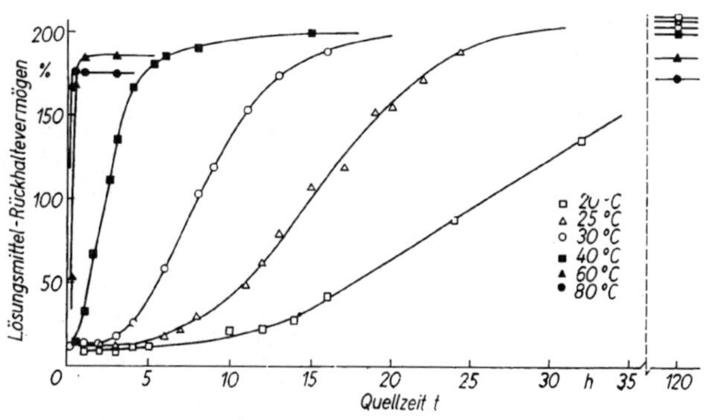

Bild 2. Quellkinetik von Cordseide in DMSO bei verschiedenen Quelltemperaturen

Quellkurve bis zu einem verhältnismäßig hohen *LRV* erkennen (Bild 3). Die Form der Quellkurve hängt jedoch nicht nur vom Quellmedium und der Quelltemperatur, sondern in starkem Maße auch von der morphologischen Struktur und dem Trocknungszustand der Celluloseprobe ab. So erfolgt mit nie getrockneter Zellwolle die Quellung in DMSO ähnlich rasch wie bei nativen Celluloseproben, und eine Nachtrocknung der lufttrockenen Probe bei 115 °C bewirkt eine zusätzliche Verzögerung des Quellbeginns (Bild 4). Die morphologische Struktur der Regeneratcelluloseprobe beeinflußt vor allem die bis zum Einsetzen der stärkeren Quellung erforderliche Zeit, wirkt sich jedoch auch deutlich auf die Steilheit des anschließenden Anstiegs der *LRV* aus, wie beispielsweise ein Vergleich von Zellglas und Cordseide zeigt (Bild 5).

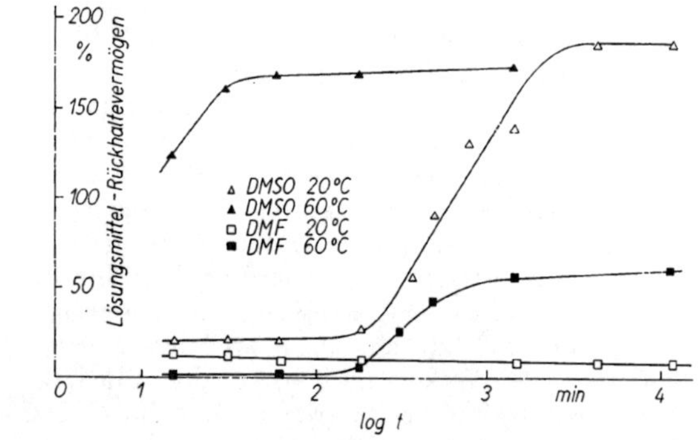

Bild 3. Quellkinetik von Zellwolle in verschiedenen aprotischen Lösungsmitteln bei verschiedenen Quelltemperaturen

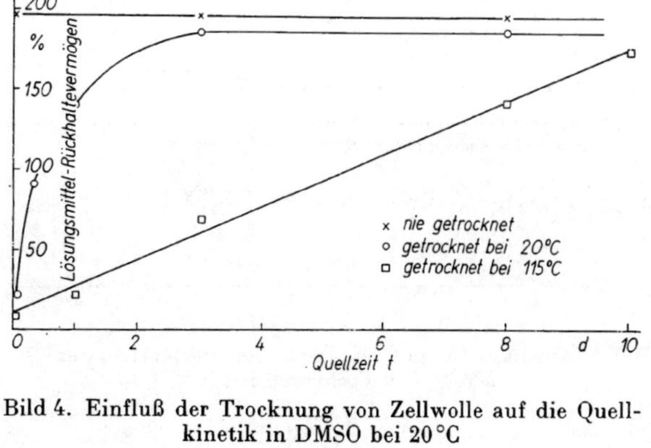

Bild 4. Einfluß der Trocknung von Zellwolle auf die Quellkinetik in DMSO bei 20 °C

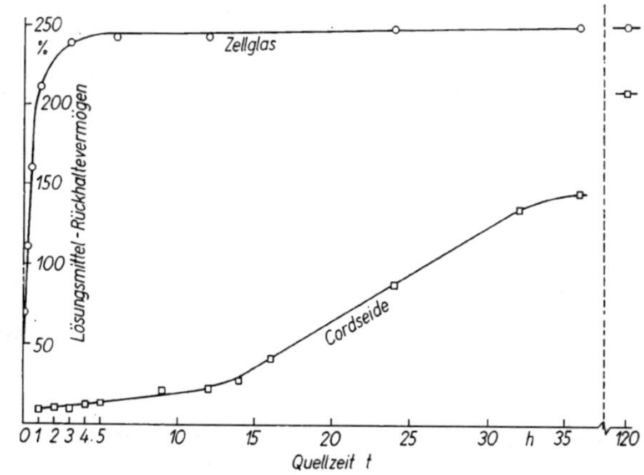

Bild 5. Quellkinetik verschiedener Regeneratcellulosen in DMSO bei 20 °C

Für eine quantitative Erfassung des zeitlichen Verlaufs der Quellung gingen wir von der Vorstellung aus, daß drei Vorgänge zeitlich nacheinander ablaufen, nämlich

1. eine praktisch augenblickliche Benetzung der Oberfläche und Füllung der größeren Poren der Cellulosepräparate durch das Quellmittel, die zu einem *LRV*-Wert um ca. 15%, d. h. in der Größenordnung von LRV_{max} einer nichtquellenden, unpolaren Flüssigkeit führt.
2. eine zuerst sehr langsame, dann zunehmend rascher verlaufende Überwindung von Quellungshemmungen, die sich durch ein zunächst verlangsamtes Eindringen der Quellflüssigkeit in das Poren- und Hohlraumsystem der Probe äußert;
3. ein dem „normalen" Quellverlauf entsprechender rascher Anstieg des *LRV* mit anschließender Verlangsamung bis zum Erreichen eines durch Löslichkeitsparameter und Molvolumen des Quellmediums einerseits, durch das lateral-order-spektrum der Probe andererseits bestimmten Sättigungswert LRV_{max}.

Vorgang 1 und 3 lassen sich in recht übersichtlicher Weise durch ein Zeitgesetz

$$LRV = (LRV)_0 + \frac{a(t - t^*)}{1 + b(t - t^*)} \qquad (1)$$

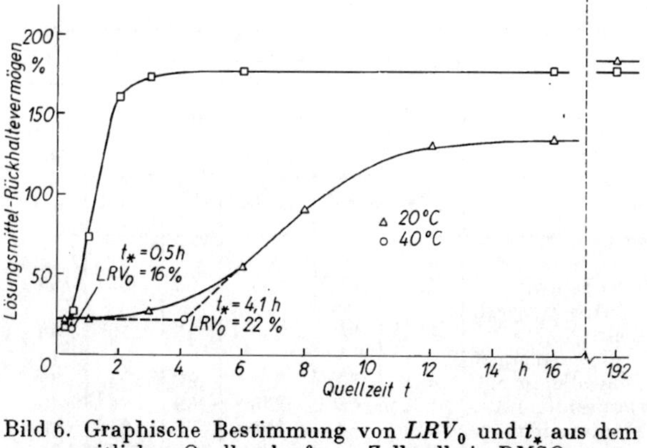

Bild 6. Graphische Bestimmung von LRV_0 und t_* aus dem zeitlichen Quellverlauf von Zellwolle in DMSO

Tabelle 3. Quellung von Zellwolle und Cordseide in DMSO bei unterschiedlichen Temperaturen

Präparat	Temp. °C	$(LRV)_0$	t_* h	a	b	$k_Q \cdot 10^4$	LRV_{max} errechn.	LRV_{max} gemessen	E_A kcal/grd · mol
Cordseide	20	10	10,8	6,1	0,031	1,5	211	209	~20
	25	12	8,2	14	0,073	3,6	205	205	
	30	13	3,6	19,8	0,099	4,9	213	203	
	40	15	0,6	50	0,27	13,6	200	198	
	60	15	0,1	460	2,72	147	185	185	
	80	—	0	862	5,43	310	165	175	
Zellwolle	20	22	4,3	20,2	0,121	6,4	189	186	~19,5
	40	16	0,3	47,4	0,285	15,6	183	181	
	60	15	$<0,1$	770	4,85	179	174	173	

mit LRV_0 als dem entsprechend 1 sofort erreichten Schleuderquellwert und t_* als der bis zum Einsetzen von Vorgang 3 erforderlichen Zeit erfassen. Hierbei wurde an die Arbeit von *Schwabe* und *Philipp* [25] angeknüpft, die für die Dickenquellung Q eines Zellstoffblattes in verschiedenen organischen Flüssigkeiten ein Zeitgesetz $Q = at/1 + bt$ verwendet hatten, um sowohl den gradlinigen Anstieg zu Beginn der Quellung ($Q \sim at$) als auch das Auftreten eines Sättigungswertes ($Q_\infty = a/b$) darzustellen. Da mit Q ein Dickenquellwert und keine Gewichtszunahme, und zwar an einer nativen Zellstoffprobe, gemessen wurde, brauchte bei den damaligen Untersuchungen weder ein Term entsprechend $(LRV)_0$ noch ein verzögertes Einsetzen der Quellung berücksichtigt zu werden. Wie ein in Bild 6 dargestelltes Beispiel zeigt, gibt das Zeitgesetz Gleichung (1) sowohl das verzögerte Einsetzen als auch die steile Zunahme von LRV mit dem sich dann einstellenden Sättigungswert richtig wieder. Nicht erfaßt wird in diesem einfachen mathematischen Modell die Tatsache, daß die Quellung nach Überwindung der Hemmung nicht sprunghaft, sondern entsprechend Vorgang 2 allmählich einsetzt, und beim allmählichen Überwinden der Quellungshemmung der LRV bereits zunimmt. Man könnte für diesen Teil der Quellungskurve von einem Potenzansatz $(LRV)_{II} \sim \text{const} \cdot t^n$ ausgehen und beispielsweise postulieren, daß die Radien der den Quellmittelfluß begrenzenden Poren linear mit der Zeit zunehmen, was unter Berücksichtigung des *Hagen/Poiseuille*schen Gesetzes im einfachsten Fall zu einer Beziehung $(LRV)_{II} \sim \text{const} \cdot t^5$ führen würde, wobei $(LRV)_{II}$ die durch Vorgang 2 bedingte Zunahme des LRV angibt. Allerdings erscheint nun ein solches Vorgehen wegen der geringen Dichte der Meßpunkte in diesem Übergangsbereich und der schwer voneinander abgrenzbaren Überlagerung von Vorgang 2 und 3 wenig zweckmäßig. Wir legten daher einer quantitativen Auswertung das Zeitgesetz Gleichung (1) zugrunde und charakterisierten den Quellverlauf durch die Größen $(LRV)_0$, t_* (graphisch ermittelt gemäß Bild 6), sowie a und b (graphisch ermittelt durch Reziprokauftragung $1/LRV\text{-}(LRV)_0$ gegen $1/t - t_*$ entsprechend Bild 7). Wie in der Arbeit von *Schwabe* und *Philipp* [25] näher ausgeführt, wird durch Differenzieren von $Q = at/1 + bt$ nach der Zeit ein Ausdruck für die Quellgeschwindigkeit entsprechend $dQ/dt = a/Q^2 (Q_\infty - Q)^2$ erhalten mit $Q_\infty = a/b$ als aus den Größen a und b errechneten maximalen Quellwert Q_∞ und einer Geschwindigkeitskonstanten $k_Q = a/Q_\infty^2$ für den durch ein Geschwindigkeitsgesetz zweiter Ordnung dargestellten Quellvorgang. Unter Berücksichtigung von $(LRV)_0$ und t_* wurden diese Größen aus unseren Meßdaten ermittelt und in den folgenden Tabellen aufgeführt, wobei ein Vergleich der experimentell bestimmten LRV_{max} mit dem aus $(LRV)_0$, a und b errechneten zugleich eine Kontrolle der Anpassung des berechneten an dem gemessenen Quellverlauf ermöglicht. Die folgenden Tabellen 3 bis 5

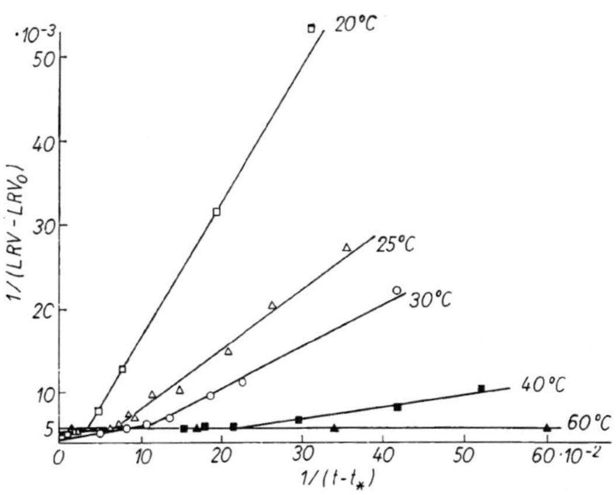

Bild 7. Graphische Ermittlung der Konstanten a und b der Quellung von Cordseide in DMSO durch Reziprokauftragung der LRV gegen die Zeit

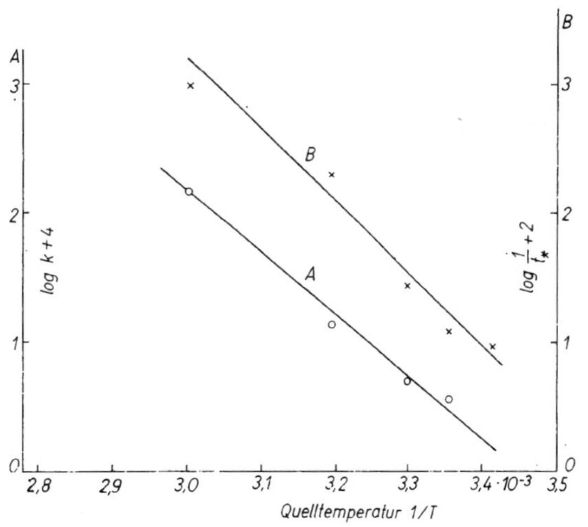

Bild 8. Graphische Ermittlung der Aktivierungsenergien aus $k_Q(A)$ und $t_*(B)$ durch *Arrhenius*-Auftragung der Quellkinetik von Cordseide in DMSO

Tabelle 4. Quellung von Zellwolle in verschiedenen Quellmedien

Quellmittel	Temp. °C	LRV_0	t_* h	a	b	$k_Q \cdot 10^4$	LRV_{max} errechnet	LRV_{max} gemessen	E_A kcal/grd · mol
DMF	40	3	24	3,26	0,058	10	59	60	~24
	60	3	3	29,8	0,535	105	59	59	
Pyridin	60	6	12	0,036	0,0007	0,1	58	45	
DMSO	20	22	4,3	20,2	0,121	6	211	209	
Äthanolamin	20	15	< 0,08	22,2	0,091	3,5	259	256	
Formamid	20	15	< 0,08	172	1,89	180	106	105	
Äthylen-	20	13	4	4,1	0,062	7,8	79,5	78	~24
glykol	40	13	0,8	40,7	0,733	107	68	69	

Tabelle 5. Quellung verschiedener Regeneratcellulosen in DMSO

Präparat	Temp. °C	LRV_0	t_* h	a	b	$k_Q \cdot 10^4$	LRV_{max} errechnet	LRV_{max} gemessen
Cordseide	20	10	10,8	6,1	0,031	1,5	211	209
Kupferseide	20	25	1	9,9	0,049	2,2	225	221
Zellwolle	20	22	4,3	20,2	0,121	6,4	189	186
Zellglas	20	10	< 0,08	177	0,787	35	235	225

fassen das Ergebnis dieser kinetischen Auswertung zusammen, wobei einmal die Temperaturabhängigkeit des Quellverlaufs von Zellwolle und Cordseide in DMSO berücksichtigt, zum anderen die Quellung von Zellwolle in verschiedenen Medien sowie die Quellung morphologisch unterschiedlicher Cellulosestrukturen in DMSO verglichen wurde.

Die Temperaturabhängigkeit der in Tabelle 3 zusammengefaßten Geschwindigkeitskonstanten k_Q zeigt Bild 8 in der üblichen *Arrhenius*-Auftragung. Mit aufgeführt wurde im gleichen Diagramm die Temperaturabhängigkeit von $1/t_*$ (Tabelle 3), indem $1/t_*$ als in erster Näherung proportional der Geschwindigkeitskonstanten für den Vorgang 2 (Überwindung der Quellungshemmung) angenommen wurde. Aus Bild 7 läßt sich eine *Arrhenius*sche Aktivierungsenergie von $E_A \sim 20$ kcal/mol für den durch k_Q charakteristischen Quellprozeß und von $E_A \sim 26$ kcal/mol für die Überwindung der Quellungshemmung abschätzen, ohne daß sich hierbei gesicherte Unterschiede zwischen Zellwolle und Cordseide erkennen lassen.

4. Zusammenfassende Diskussion und Schlußfolgerungen

Zur Diskussion unserer Ergebnisse soll von der in unserer vorangegangenen Arbeit [26] entwickelten Vorstellung ausgegangen werden, daß für den maximalen Quellwert LRV_{max} einerseits Molvolumen V_M und Löslichkeitsparameter δ_H und δ_P der Flüssigkeit, andererseits vorwiegend das LO-Spektrum der Probe maßgebend sind, während der zeitliche Verlauf der Quellung vonseiten der Celluloseprobe in erster Linie durch Größe, Verteilung und gegenseitige Verbindung der Poren und Hohlräume im Präparat bestimmt wird, wiederum in Wechselbeziehung zu den oben genannten Flüssigkeitsparametern V_M, δ_H und δ_P, neben denen gegebenenfalls noch die Viskosität der Flüssigkeit in Betracht zu ziehen ist.

Hinsichtlich der LRV_{max}-Werte ist den in [26] dargelegten Gedankengängen nur wenig hinzuzufügen. Die Abstufung Zellwolle < Cordseide < Zellglas in stark quellenden Medien steht mit dem aus der Literatur zur Stuktur dieser Produkte Bekannten in Einklang. Ein Übergang von nie getrockneter zur trockenen Zellwollfaser führt zu keinen signifikanten Änderungen im LO-Spektrum und dementsprechend auch nicht zu wesentlichen Änderungen in LRV_{max} bei Verwendung stark quellender Flüssigkeiten. Mit schwächer quellenden Medien wie Methanol liegt allerdings der LRV_{max} der nie getrockneten Probe wesentlich über dem der getrockneten Probe. Dies ist insofern verständlich, als hier bei der nie getrockneten Probe ein Austausch des stark quellenden Wassers durch das schwächer quellende Methanol erfolgt und dabei die vom wasserfeuchten Zustand her gegebene Aufweitung der Faserstruktur mindestens zum Teil erhalten bleibt und somit ein höherer LRV_{max} gemessen wird als bei direkter Quellung der trockenen Probe in Methanol. Hinsichtlich des zeitlichen Verlaufs der Quellung von Regeneratcelluloseproben hatten wir ursprünglich den Unterschied zwischen protischen und nichtprotischen Quellmedien stark betont, wobei auf Messungen in Wasser und Formamid einerseits, DMSO und DMF andererseits zurückgegriffen wurde [30]. Auf Grund des jetzt vorhandenen umfangreichen Versuchsmaterials ist festzustellen, daß diese Klassifizierung nicht verabsolutiert werden darf, indem bei gegebener Porenstruktur bzw. gegebenem Verhornungszustand der Probe für die Überwindung von Quellungshemmungen die Parameter δ_H und δ_P sowie V_M gemeinsam maßgebend sind. Die eine rasche Quellung begünstigende Kombination von hohem $\delta_H + \delta_P$ und niedrigem V_M ist unter den hier untersuchten Medien zumeist in protischen Flüssigkeiten zu finden. Jedoch gibt es durchaus auch protische Quellmedien, die wie Äthylenglykol und noch ausgeprägter Diäthylenglykol zu einer deutlichen Quellungshemmung bei Zellwolle führen.

Zwischen der zur Überwindung der Quellungshemmung erforderlichen Zeit t_* und dem Quotienten δ/V_M besteht insofern ein Zusammenhang, als bei Werten $\delta/V_M \geqq 5$ praktisch keine Quellungshemmung auftritt, während sie bei $\delta/V_M \leqq 4$ in mit sinkendem δ/V_M zunehmendem Maße vorhanden ist. Dazwischen

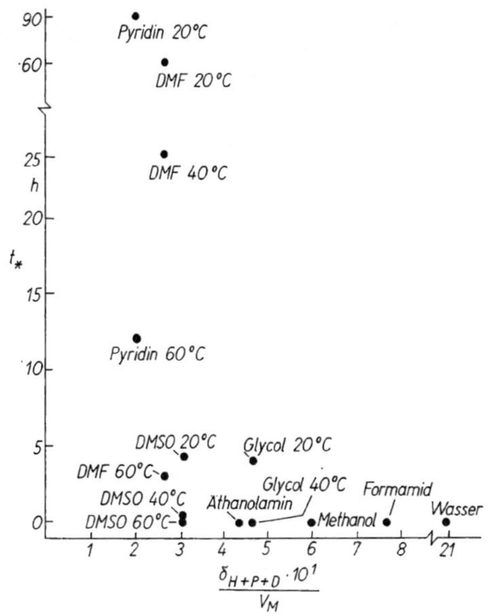

Bild 9. Graphische Darstellung von t_* (Zellwolle) gegen δ_{H+P+D}/V_M der verwendeten protischen und aprotischen Lösungsmittel

scheint ein Übergangsgebiet einer ziemlich sprunghaften Änderung von t_* mit δ/V_M zu liegen, in dem zusätzliche quellmittelspezifische Einflußgrößen eine Rolle spielen (Bild 9). So ergibt ein Vergleich des in seinem Quellverhalten hier nicht im einzelnen betrachteten Äthylenglykols mit Äthanolamin trotz fast übereinstimmender Werte für δ, V_M und auch für die Viskosität recht große Unterschiede in t_*, die wir mit der stärkeren Wechselwirkung der Cellulose mit NH_2-Gruppen im Vergleich zu OH-Gruppen in Zusammenhang bringen. Eine Gegenüberstellung der bei der kinetischen Auswertung erhaltenen Größen, a, b und k_Q, für unterschiedliche Quellmedien und Temperaturen erlaubt folgende Schlüsse: In Bestätigung früherer Ergebnisse von *Schwabe* und *Philipp* [25] bedingt ein hoher Wert für „a“ zugleich auch ein großes „b“, d. h., ein anfänglich schneller Verlauf des Quellprozesses führt zwangläufig zu dessen rascher Verlangsamung. In Abhängigkeit vom Quellmedium scheint „a“ und offenbar auch k_Q in erster Linie von $\sum \delta_H + \delta_P$ bestimmt zu werden, während für t_* außerdem das Molvolumen von größerem Einfluß sein dürfte. Ein gewisser Einfluß der Viskosität des Quellmittels auf k_Q wie auch auf t_* kann auf Grund unserer Messungen nicht ausgeschlossen werden; er ist aber sicher geringer als der von δ und V_M, wenn man Flüssigkeiten extrem hoher Viskosität, wie z. B. Polyglykole, außer Betracht läßt. Die aus der Temperaturabhängigkeit von k_Q und t_* ermittelten Aktivierungsenergien des Quellvorgangs von ca. 20 bzw. 26 kcal/mol sind mit der Vorstellung eines geschwindigkeitsbestimmenden chemischen Prozesses, nämlich der Lösung schwächerer H-Brücken zwischen den Celluloseketten, durchaus vereinbar. E_A liegt entschieden höher als die aus der Temperaturabhängigkeit der Viskosität der Quellmedien ermittelten Fließaktivierungsenergien von 2 bis 4 kcal/mol, was erneut dafür spricht, daß eine Viskositätsverringerung zwar ein zusätzlicher Faktor, aber sicher nicht die alleinige Ursache für einen rascheren Quellverlauf ist.

Recht aufschlußreich erscheint uns ein Vergleich von a, b, k_Q und t_* für verschiedene Cellulosestrukturen in DMSO. Der sehr hohe Wert von t_* bei Cordseide bei gleichzeitig recht niedrigem „a“ und k_Q sprechen dafür, daß die an der Oberfläche verhornte, dichte, d. h. sehr kleinporige Cuticula [31] hier der die Quellgeschwindigkeit begrenzende Faktor ist. Im Gegensatz hierzu ist diese „Außenhaut“ bei einer Normalzellwolle weniger ausgeprägt, und die Quellung setzt wesentlich schneller ein und verläuft trotz eines niedrigeren LRV_{max} wesentlich rascher. Bei Kupferseide wird heute auf Grund morphologischer Untersuchungen [32] als Strukturmodell ein locker gepackter Mantel mit sehr schwacher Außenhaut und ein dichter gepackter Kern angenommen. Dementsprechend setzt die Quellung schon nach recht kurzer Zeit ein, erreicht aber auf Grund der insgesamt dichteren Packung, d. h. — in unserem Modell — eines engeren Porensystems, nicht die hohe Geschwindigkeit wie bei Zellwolle. Der sofortige Quellbeginn und die gegenüber den Regeneratfäden um fast eine Zehnerpotenz höhere Quellgeschwindigkeit des Zellglases wird nicht allein durch die spezielle morphologische Struktur [33], sondern auch durch die Anwesenheit eines Weichmachers verursacht. Bei einer Zellglasprobe, die aus der laufenden Produktion vor Aufbringen des Weichmachers entnommen und getrocknet wurde, war zwar die Quellgeschwindigkeit gegenüber der Zellglasprobe mit Weichmacher deutlich verringert; die Abstufung in der Quellgeschwindigkeit Zellglas > Zellwolle > Cordseide blieb jedoch erhalten.

Stellt man abschließend nochmals die Frage nach der Ursache für das unterschiedliche Verhalten nativer und regenerierter Cellulosefasern gegenüber Quellmitteln, bei denen der Quotient δ/V_M einen gewissen Wert unterschreitet und als deren typischer Vertreter hier das DMSO herangezogen wurde, so läßt sich diese unter Einschränkung wie folgt beantworten: In nativen Cellulosefasern können wir auf Grund verschiedener Untersuchungen unter anderem von *Krause*, *Stone* und *Scallan* [34 und 35] eine recht regelmäßige durchgehende Porenstruktur mit einer „Hierarchie“ von Makro- und Mikroporen annehmen, so daß einem raschen Einsetzen der Quellung nichts im Wege steht und diese je nach Quellvermögen der Flüssigkeit so weit vonstatten geht, bis ein weiteres „Auseinanderdrängen“ der morphologischen Struktureinheiten durch den Zusammenhalt der Ketten in den höher geordneten Bereichen verhindert wird.

In Regeneratcellulosefäden hingegen liegen erstens meist mehrere konzentrische Schichten unterschiedlicher morphologischer Struktur vor, wobei vor allem eine dichte Außenhaut (Cuticula) als Quellungshindernis auftreten kann. Zweitens kann innerhalb dieser einzelnen Schichten eine wesentlich unregelmäßigere Porenstruktur als in nativen Cellulosefasern angenommen werden, d. h. in den für das Quellmittel zugänglichen Bereichen der Regeneratfäden treten „Flaschenhalsporen“ bzw. teilweise verstopfte Poren auf [36], die ein weiteres Fortschreiten der Quellung zwar nicht grundsätzlich verhindern, aber mit sinkendem Quotienten δ/V_M des Quellmittels zunehmend verzögern.

Literatur

[1] *Nevell, T. P.*, und *Zeronian, S. H.:* The action of ethylamine on cellulose. Part 1: The acetylation of ethylamine-treated cotton. Polymer, London **3** (1962) 2, S. 187—194.

[2] *Roffael, E.:* Über den Einfluß von Äthylendiamin auf die Feinstruktur und Mercerisierbarkeit der Cellulose nach der Wasserrückhaltevermögen-(WRV-)Methode. Faserforsch. u. Textiltechnik **22** (1971) 9, S. 429—433.

[3] *Šarkov, W. J.*, und *Boiko, T. A.:* Einfluß der Benetzung von Cellulose mit organischen Flüssigkeiten auf die Reaktionsfähigkeit bei der Acetylierung. Nauk tr. Leningr. lesotechn. Akad. **137** (1971) S. 61—64.

[4] *Wise, L. E.* und *Jahn, E. L.:* Ammoniak and amine-cellulose. Word Chemistry, 2nd New York: Reinhold 1952, S. 733ff.

[5] *Klenkova, N. J.*, *Matveeva, N. A.*, *Kulakova, O. M.*,und *Volkova, L. A.:* Eigenheiten der Celluloseaktivierung. Sint., Struct., Svoistva Polim. (Synth., Strukt., Eigensch. Polym.) (1970) S. 279—282

[6] *Davis, W. E.*, *Barry, A. J.*, *Peterson, F. C.*, und *King, A. J.:* X-ray-studies of reactions of cellulose in non-aqueous systems. II. Interaction of cellulose and primary amines. J. amer. chem. Soc. **65** (1943) S. 1294 bis 1299.

[7] *Morrison, J. L.*, und *Campbell, W.:* The heats of adsorption and wetting of mercerized celluloses by sodium hydroxide solutions, water and methylalcohol. Canad. J. Res. Sect. B **18** (1940) S. 168—179.

[8] *Wahba, M.:* Moisture relationships of cellulose. I. The heat of wetting in water and in certain organic liquids. J. phys. colloid Chem. **52** (1948) S. 1197—1208.

[9] *Balcerzyk, E.*, *Kozlowski, W.*, und *Wlodarski, G.:* Thermokinetics of cellulose fiber penetration by physically and chemically reactive liquids and structure of accessible regions. Textile Res. J. **39** (1969) S. 666—677.

[10] *Kuosinnkova, S. A.*, *Bernardelli,, A. E.*, *Miscenko, K. P.* *Talmud, S. L.*, und *Talmudova, T. A.:* Bestimmung der integralen Wechselwirkunswärme von Baumwollcellulose in verschiedenen Flüssigkeiten. Ž. prikl. Chimii (Z. angew. Chemie) **42** (1969) S. 719—723.

[11] *Colombo, E. A.*, und *Immergut, E. A.:* Interaction of cellulose with organic liquids and vapours. J. Polymer Sci., C: Polymer Symposie (1970) 31, S. 137—156.

[12] *Venkateswaran, A.:* Sorption of aqueous and non-aqueous media by wood and cellulose. Chemical Rev. **70** (1970) 6, S. 619—637.

[13] *Thode, E. F.*, und *Guide, R. G.:* A thermodynamic interpretation of the swelling of cellulose in organic liquids; the relations among solubility parameter, swelling and internal surface. Tappi, New York **42** (1959) S. 35.

[14] *Andrews, C. M.*, und *Oberg, A. G.:* Cellulose swelling measured by isopropanol retention. Textile Res. J. **33** (1963) S. 330—343.

[15] *Bates, N. A.* und *Lyness, W. J.:* Electron microscopy of fibers swollen in dimethyl sulfoxide and stained with osmium tetroxide. Tappi, New York **51** (1968) S.405 bis 409.

[16] *Betrabet, S. M.*, *Daruwalla, E. H.*, und *Lockhande, H.T.:* Intercrystalline swelling in morpholine-treated cotton cellulose. Textile Res. J. **36** (1966) S. 684—686.

[17] *Wiles, D. M.*, *Cooney, J. D.*, und *Gingras, B. A.:* The effect of solvents on some properties of cotton cellulose. Textile Res. J. **37** (1967) S. 476—483.

[18] *Vigo, T. L.* *Mitcham D.* und *Welch, C. M.:* Decrystallisation of cotton cellulose by benzyltrimethylammoniumhydroxid followed by polar organic solvents. J. Polymer Sci. 8 (1970) 6, S. 385—393.

[19] *Stamm, A. J.:* Shrinking and swelling of wood. Ind. engng. Chem. **27** (1935) S. 401—406.

[20] *Broughton, G.* und *Wang, J. P.:* The mechanical properties of paper — Part II. Tappi, New York **37** (1954) S. 72—79.

[21] *Robertson, A. A.:* Celulose liquid interaction. Pulp Paper Mag. Can. **65** (1964) 4, S. T 171.

[22] *Robertson, A. A.:* Interaction of liquids with cellulose. Tappi, New York **53** (1970) 7, S. 1331—1339.

[23] *Jeffries, E. R.*, und *Ribnick, A. S.:* Nonaqueous finishing studies. 1970 Annual Report, Textile Research Institute, Princeton, New Jersey, S. 27—30.

[24] *Kress, O.* und *Bialkowski, H.:* Some chemical and physical observations on hydration. Paper-Maker **83** (1932) Transact. S. 54—59.

[25] *Schwabe, K.*, und *Philipp, B.:* Zur Kinetik von Dampfsorption, Quellung und Flüssigkeitsaufsaugung der Cellulose. Holzforschung **8** (1954) S. 1—12.

[26] *Philipp, B.*, *Schleicher, H.*, und *Wagenknecht, W.:* The influence of cellulose structure on the swelling of cellulose in organic liquids. J. Polymer Sci., in Druck.

[27] *Jayme, G.*, und *Rothamel, L.:* Versuche zwecks Schaffung einer Einheits-Schleuder-Methode für die Bestimmung des Quellwertes von Zellstoffen. Papier **2** (1948) S. 7.

[28] *Hansen, C. M.:* The universality of the solubility parameter. I & EC Prod. Res. Develop. **8** (1969) S. 2—11.

[29] *Klein, E.*, und *Smith, J. K.:* Acymetric membrane formation. Solubility parameters for solvent selection. IEC Prod. Res. Develop. **11** (1972) 2, S. 207—210.

]30] *Philipp, B.*, *Schleicher, H.*, und *Wagenknecht, W.:* Investigations on the interaction of cellulose with organic liquids in dependence on the cellulose structure. Vortrag zum IUPAC-Symposium in Helsinki, Juli 1972.

[31] *Gröbe, A.:* Strukturuntersuchungen an Celluloseregeneratfäden. Chemiefasern **20** (1970) S. 134—140.

[32] *Elöd, E.:* Zur Kenntnis der Mikrostruktur von Chemiefasern. Textil-Rdsch., St. Gallen **8** (1953) S. 490—496.

[33] *Jayme, G.*, und *Balser, K.:* Beiträge zur Strukturaufklärung von Viskose-Zellglas. Papier **19** (1965) 10, S. 572—581.

[34] *Krause, Th.:* Untersuchungen über die Kapillarstruktur von Zellstoff-Fasern. Papier **25** (1971) 10 A, S. 621 bis 627.

[35] *Stone, J. E.*, und *Scallan, A. M.:* Ein Strukturmodell für die Cellulosewände von wassergequollenen Holzzellstoff-Fasern, basierend auf ihrer Zugänglichkeit zu Makromolekülen. Cell. Chem. Technology, Jassy/Rum. **2** (1968) 3, S. 343—358.

[36] *Paul, D.*, und *Bartsch, D.:* Bestimmung von Hohlräumen in Fasern durch Quecksilberporosimetrie. Faserforsch. u. Textiltechik **23** (1972) S. 191—187.

Eingegangen am 12. Oktober 1972

Vergleichende Untersuchungen zum Quell- und Lösungsverlauf von Cellulosefasern in verschiedenen Medien

Teil II: Zusammenfassende Diskussion der Ergebnisse[1])

Heinz Hampe, Burkart Philipp und Josef Baudisch

VEB Chmiefaserkombinat Schwarza „Wilhelm Pieck" und Akademie der Wissenschaften der DDR, Institut für Polymerenchemie in Teltow-Seehof

DK [677.1/.2 + 677.46] :677.014.332.3 :677.017.63 :677.014.86

Ausgehend von den im Teil I dieser Arbeit mitgeteilten eigenen Ergebnissen werden unter Mitheranziehung der Arbeiten anderer Autoren die phänomenologischen Aussagen zum Quell- und Löseprozeß der Cellulose in wäßrigen Medien unter dem Gesichtspunkt einer Trennung der wesentlichen Einflußgrößen „Cellulosestruktur" und „Quellmittelart" zusammengefaßt. Anhand eines qualitativen Schemas der verschieden Eingangsgrößen, der nach- und nebeneinander ablaufenden Einzelvorgänge und der dabei auftretenden Strukturänderungen wird eine Systematisierung des erreichten Erkenntnisstandes zum Quell- und Löseprozeß der Cellulose vorgenommen, wobei Gemeinsamkeit und Unterschiede zwischen den verschiedenen Quell- und Lösemechanismen herausgestellt sowie Möglichkeiten und Grenzen einer Modellierung solcher Vorgänge erörtert werden.

Сравнительное исследование процессов набухания и растворения целлюлозных волокон в различных средах

Часть II. Обобщение и обсуждение результатов

На основе приведенных в части I собственных результатов и данных, полученных другими авторами. обобщается феноменологическая информация о процессах растворения целлюлозы в водных средах с точки зрения влияния двух основных факторов, а именно структуры целлюлозы и вида средства, вызывающего набухание. Путем качественной оценки различных исходных параметров, а также параллельных и последовательных отдельных процессов и наблюдаемых при этом изменений структуры проведена систематизация данных о процессах набухания и растворения целлюлозы. В связи с этим подчеркиваются общие черты и различия между различными механизмами набухания и растворения и рассматриваются возможности и пределы моделирования этих процессов.

Comparative Investigations on the Swelling and Dissolution of Cellulose Fibers in Varions Media.

Part II. Discussion of the Results

Based on data presented on Part I and results obtained by other authors the facts about swelling and dissolution of cellulose in aqueous media are summarized, particularly with respect to the effects associated with the two important parameters „cellulose structure" and „kind of swelling agent". By means of a quantitative schematic representation of the initial parameters, the processes proceeding silmultaneously and successively and the accompanying structural changes, the knowledge gained until now on the swelling and dissolution behaviour of cellulose is described, taking into account the general and different characteristics as the possibilities and limitations in modelling of these processes.

1. Vorbemerkung

Eine zusammenfassende Diskussion der im Teil I dieser Veröffentlichung [1] auszugsweise wiedergegebenen eigenen und der zahlreichen von anderen Autoren (z. *Dolmetsch, Franz, Correns, Jayme, Künschner, Bobeth*) veröffentlichten Ergebnisse [2 bis 6] soll hier unter den beiden folgenden Gesichtspunkten vorgenommen werden:

a) Welche zusammenfassenden phänomenologischen Aussagen lassen sich aus den mit recht unterschiedlichen Methoden erhaltenen Experimentalergebnissen ableiten und inwieweit lassen sich dabei die durch die beiden Einflußgrößen „Cellulosestruktur" und „Quellmittelart und -Konzentration" bedingten Effekte getrennt erfassen?

b) Inwieweit ist eine Systematisierung der Einflußgrößen und der dadurch bedingten Strukturänderungen beim Quell- und Löseprozeß der Cellulose in Form eines qualitativen Modells möglich und welche Aussagen hinsichtlich der Gemeinsamkeiten der Unterschiede zwischen den einzelnen Quell- und Lösemittelsystemen und den beim Lösevorgang ablaufenden Mechanismen lassen sich heute treffen?

[1]) Teil I s. [1]

3*

2. Zusammenfassung der durch eine Methoden-Kombination von morphologischer Untersuchung des Quellverlaufes, Aufnahme des zeitlichen Verlaufes der Auflösung und Verfolgung der Längenänderung von Cellulosefasern im Quellmittel unter Belastung erhaltenen Aussagen

Zur Systematisierung bietet sich zunächst das Ausmaß der beim Quellprozeß erreichbaren Zerstörung der übermolekularen und morphologischen Faserstruktur an, d. h. die klassische Einteilung in „begrenzte" und „unbegrenzte" Quellung.

Bei *begrenzter* Quellung wird im allgemeinen recht rasch (binnen 4 bis 20 min) ein Gleichgewichtswert der Längenänderung erreicht. Nach Ablauf dieser Zeit ändert sich auch das mikroskopische Quellungsbild kaum noch, das eine weitgehende Erhaltung der ursprünglichen Faserstruktur unter Querschnittsvergrößerung zeigt, wobei spezifische Quellformen allenfalls an den Faserenden bzw. Schnittenden auftreten. Ebenfalls nach recht kurzer Zeit wird im Löseversuch eine praktisch konstante und stets erhebliche Rückstandsmenge erzielt.

Im Gegensatz dazu erfolgte bei *unbegrenzter* Quellung in jedem Falle ein Abreißen der Fasern unter Belastung, eine allmähliche oder rasche Auflösung mit typischen Quellformen als Zwischenstadium und eine Abnahme der Rückstandsmenge beim Löseversuch auf Werte $< 5\%$.

Diese Einteilung der beobachteten Vorgänge in solche der „begrenzten" und der „unbegrenzten" Quellung stellt kein absolutes Klassifizierungsprinzip für Quell- und Lösemittel dar, denn erstens beschränken sich alle hier getroffenen Aussagen wie auch die Ergebnisse früherer Publikationen auf eine bestimmte, meist relativ kurze Beobachtungszeit und auf eine verhältnismäßig geringe mechanische Beanspruchung beim Quell- und Löseprozeß, zweitens läßt sich in allen hier herangezogenen Quell- und Lösemitteln bei geeigneter Wahl von Cellulosestruktur und Quellmittelkonzentration sowohl eine begrenzte als auch eine unbegrenzte Quellung erzielen. Hinsichtlich des Übergangs von der begrenzten zur unbegrenzten Quellung kann man aus unseren Ergebnissen ableiten, daß es offensichtlich weitgehend quellmittelunabhängige, obere Maximalwerte für die einzelnen Kriterien gibt, die eben noch nicht zur Zerstörung des Faserzusammenhaltes führen und die bei

ca. 20% für den gelösten Faseranteil,
ca. 200% für die Dickenquellung,
ca. 10% für die Längenänderung (Längung oder Schrumpf) unter der hier angewandten Belastung von 5 mp/den Einzelfaser

liegen

Alle drei von uns zur Verfolgung des Quell- und Löseverlaufes herangezogenen Methoden sprechen sowohl auf eine Änderung der Cellulosestruktur als auch der Quellmittelart und -konzentration an, jedoch können einige beim Quell- und Lösevorgang auftretende Effekte vorrangig mit der Cellulosestruktur bzw. mit der Quellmittelart in Zusammenhang gebracht werden.

So bleibt die morphologische *Struktur der Ausgangsfaser* im Quellungsbild der begrenzten Quellung im wesentlichen erhalten und läßt sich oft deutlicher als im ungequollenen Zustand erkennen. Bei unbegrenzter Quellung in einem bestimmten Lösemittel treten die bekannten, in der Literatur vielfach beschriebenen strukturspezifischen Quellungsformen auf, wobei hier nur als Beispiele genannt seien die Kugelbauchquellung nativer Cellulosefasern in alkalischen Metallkomplexlösungsmitteln [3, 7] oder die Längsfibrillierung hochgereckter Viskosefäden bei gleichzeitiger bevorzugter Herauslösung des Kernanteils [4, 6, 8] in den gleichen Lösungsmitteln. Gerade der „Verbundcharakter" vieler Cellulosefaserstrukturen, z. B. die Armierung nativer Fasern durch Primärwand und Übergangslamelle bzw. von Regeneratfasern durch den Mantelanteil läßt sich in solchen Quellbildern gut erkennen. In allen Fällen bestätigte sich die größere Löseresistenz der Baumwolle im Vergleich zu Zellstoff oder Regeneratfäden, und zwar sowohl durch die größeren Lösezeiten unter den Bedingungen der unbegrenzten Quellung als auch insofern, als bei vorgegebenen Quellbedingungen diese bei Baumwolle vielfach nur zu begrenzter Quellung führen, während bei Zellstoff und Viskosefasern Auflösung eintritt. Auch die unter vergleichbaren Bedingungen geringere Längung oder Schrumpfung unter Belastung bei Baumwolle im Vergleich zu Viskosefasern fügt sich in diesen Rahmen ein. Keineswegs in gleicher Weise verallgemeinern lassen sich solche Unterschiede zwischen Zellstoff und Viskoseregeneratfäden. Wenn auch — nicht zuletzt auf Grund ihres niedrigen DP — Viskosefäden vor allem im alkalischen Medium meist rascher und unter milderen Bedingungen gelöst werden als die Tracheiden eines Fichtensulfitzellstoffs, so wurde doch beispielsweise mit $ZnCl_2$-Lösungen das Umgekehrte beobachtet.

Offenbar spielen hier nicht nur DP und Ordnungsgrad der hochgeordneten Bereiche, sondern auch die „Trennbarkeit" der morphologischen Einheiten eine Rolle, wie sie z. B. auch in der unterschiedlichen „Mahlbarkeit" von Zellstoff und Viskosefasern zum Ausdruck kommt [9], indem bei letzterem der Mantelanteil eine gewisse mechanische Schutzwirkung sowohl gegenüber einer Fribrillierung als auch gegenüber einer Zerstörung der Faserstruktur durch Quellung ausübt.

Außerdem kann, worauf vor allem von *Centola* [10] mehrfach hingewiesen wurde, der Gittertyp der Cellulose speziell beim Löseprozeß in EWNN eine Rolle spielen. Zusammenfassend kann man hinsichtlich des Einflusses der Cellulosestruktur auf Ausmaß und zeitlichen Verlauf des Quellprozesses feststellen, daß die laterale Ordnung der Faser den entscheidenden, aber nicht den alleinigen Faktor darstellt, sondern daneben Gittertyp, Größenverteilung und Art des Porensystems in der Faser und schließlich die gegenseitige Anordnung höherer morphologischer Struktureinheiten in der Faser von Bedeutung sind.

Charakteristische Einflüsse der *Quellmittelart* lassen sich vor allem hinsichtlich der *Quellungsformen* nativer Cellulosefasern bei unbegrenzter Quellung und hinsichtlich des *zeitlichen Verlaufes* der Vorgänge der Quellung und Lösung erkennen. Schon *Dolmetsch, Franz* und *Correns* [2] wiesen auf das unterschiedliche Verhalten alkalischer und saurer Quellmittel hin, indem für erstere vor allem die Kugelbauchquellung, bei letzteren eine Spaltenbildung mit anschließendem Querzerfall der Faserstruktur typisch ist. Bei unserer Gegenüberstellung von Metallkomplexlösungsmitteln einerseits, H_3PO_4 und Zinkchloridlösung andererseits werden diese Beobachtungen in vollem Umfange bestätigt, wobei wir *eine* Ursache dieses unterschiedlichen Quellverlaufes in einer verschieden raschen und intensiven Sekundärwandquellung sehen und außerdem im Falle der sauren Lösemittel noch die Hydrolyse von Glucosidbindungen gerade auch an Stellen hoher mechanischer Spannung eine Rolle spielen mag. Unterschiede im zeitlichen Verlauf des Quell- und Löseprozesses werden — abgesehen von dem bereits behandelten Einfluß der Cellulosestruktur — sowohl durch Änderung der Quellmittelart als auch durch Änderung der Quellmittelkonzentration hervorgerufen, wobei eine Auftrennung dieser beiden Faktoren insofern schwierig ist, als in vielen Fällen noch Unklarheit über das „eigentlich quellungsaktive Agens" besteht und dementsprechend noch weniger seine Aktivität am Reaktionsort bekannt ist. Immerhin kann man unter Zugrundelegung gleicher analytischer molarer Konzentrationen des Metallkomplexes bei den Metallkomplexlösungsmitteln eine Abstufung der Quell- und Lösegeschwindigkeit entsprechend

$$\text{EWNN} < \text{Cuoxam} < \text{Cadoxen}$$

feststellen, während in der Gruppe der sauren Quell- und Lösemittel H_3PO_4 wesentlich rascher löst als konzentrierte $ZnCl_2$-Lösung.

Zur quantitativen Erfassung des zeitlichen Verlaufes der Auflösung erscheint der früher von uns für die Lösung von Zellstoffasern bei einer Emulsionsxanthogenierung [11] verwendete einfache Diffusionsansatz gelöster Anteil $L \sim k \cdot \sqrt{t}$ zweckmäßig. Für die meisten Lösungsmittel werden hierbei — wie in Bild 1 für Cuoxam und H_3PO_4 dargestellt — in erster Näherung zwei Geraden unterschiedlichen Richtungsfaktors erhalten, die ein rasches Anfangs- und ein langsameres Endstadium des Lösungsprozesses charakterisieren.

Bei der Verwendung von EWNN hingegen ist eine deutliche Hemmung des Lösevorganges zu beobachten, die durch Steigerung der Lösetemperatur in ihrer Dauer wesentlich verringert werden kann, bevor dann das rasche und offenbar nur wenig temperaturabhängige Lösestadium einsetzt [12].

Weder eindeutig von der Quellmittelart noch von der Cellulosestruktur her vorauszusagen ist, ob unter geringer Belastung bei begrenzter Quellung eine Gleichgewichts*längung* oder eine Gleichgewichts*schrumpfung* eintritt. Hierfür ist offenbar in erster Linie die *Quellmittelkonzentration* maßgebend, wobei nach unseren Erfahrungen bei der niedrigen Konzentration im allgemeinen eine Längung, bei höherer Konzentration dagegen eine Schrumpfung beobachtet wird, bis dann bei weiterem Konzentrationsanstieg ein rasches Reißen der Faser auch unter geringer Belastung bzw. erneut eine Längung erfolgt.

In analytischer Hinsicht ergänzen sich die Aussagen aller drei hier angewendeten Methoden,

- indem der Löserückstand einen quantitativen Querschnittswert zum Quell- und Löseverhalten des eingesetzten Präparates in Abhängigkeit von Art und Konzentration des Lösungsmittels liefert und eine quantitative kinetische Verfolgung des Löseprozesses ermöglicht, wobei zur Erzielung reproduzierbarer Werte vor allem bei hohem gelöstem Anteil ein großes Flottenverhältnis und definierte Rührbedingungen erforderlich sind;
- indem das mikroskopische Quellungsbild zwar nur qualitative, aber dafür sehr detaillierte Aussagen zum morphologischen Verlauf der Quell- und Löseprozesse in den einzelnen Faserschichten liefert, und
- indem schließlich der Längenänderungsverlauf unter Belastung die Brücke schlägt zwischen chemisch-physikalischer Betrachtungsweise (Quell- und Lösekinetik) und konventioneller physikalischer Faserprüfung. Durch geeignete Wahl von Quellmittelart und -konzentration läßt sich dabei der zeitliche Ablauf der Vorgänge in weiten Grenzen steuern, wobei sich der langsame Ablauf in EWNN besonders zur Beobachtung von Zwischenstadien des Prozesses eignet, während umgekehrt H_3PO_4 in höherer Konzentration auch bei resistenten Faserstrukturen eine zeitliche Raffung des Quell- und Lösevorganges ermöglicht.

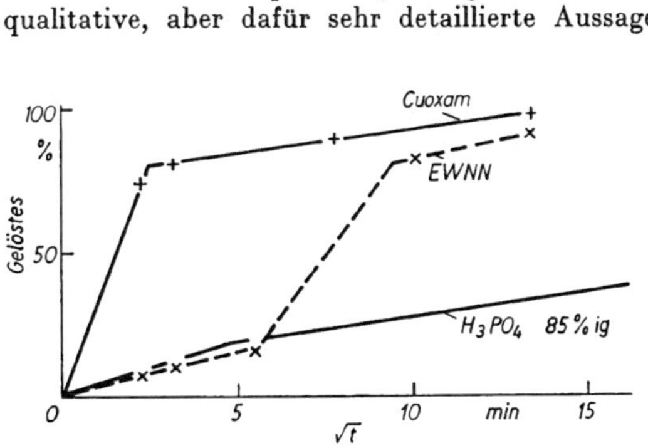

Bild 1. Zeitlicher Verlauf der Auflösung von Baumwollcellulose in verschiedenen Lösemitteln

Eine Kombination der drei Methoden erscheint daher für künftige Arbeiten sowohl zum Vergleich von Quell- und Lösemitteln als auch zur Gegenüberstellung verschiedenartiger Cellullosestrukturen besonders aus-aussagekräftig, wobei vor allem das hier über die „Längenänderung unter Belastung“ nur angerissene Gebiet der „Mechanochemie der Cellulose“, d. h. der gleichzeitigen Einwirkung definierter mechanischer Beanspruchungen und chemischer, die Haupt- oder Nebenvalenzbindungen angreifender Agentien noch ausbaufähig ist, und zwar nicht nur in analytischer Richtung.

3. *Überlegungen zum Mechanismus von Quellung und Lösung anhand eines qualitativen Modells*

Bild 2 gibt in stark schematisierter Form eine Zusammenstellung der den Quell- und Löseprozeß beeinflussenden Eingangsgrößen, der nach- oder nebeneinander ablaufenden Einzelvorgänge bei diesem Prozeß und der zur Charakterisierung der beim Quellprozeß erfolgten Strukturänderung meßbaren Parameter als Ausgangsgrößen. Das Schema, das zugleich einen Eindruck von der Vielzahl der Einflußgrößen und von der Komplexität des Quell- und Löseprozesses vermitteln soll, ist grundsätzlich für wäßrige wie für nichtwäßrige Quellmedien anwendbar, wobei sich die folgenden Überlegungen jedoch wesentlichen auf wäßrige Systeme beschränken sollen.

Was das zugrunde gelegte Strukturmodell der Cellulose anbelangt, so sehen wir unter dem Gesichtspunkt des Quell- und Löseprozesses auf Grund des vorliegenden eigenen und des aus der Literatur zugänglichen Versuchsmaterials keine zwingende Notwendigkeit, die Vorstellung der „ausgestreckten Kette“ zu verlassen zugunsten eines der heute noch stark umstrittenen Modelle mit Kettenfaltung [13].

Das Modell des „lateral order spectrums“ nach *Marchessault* und *Howsmon* [14] erscheint uns als tragfähige Basis auch zur Diskussion von Quell- und Löseprozessen der Cellulose, bedarf allerdings für diesen Zweck einer Ergänzung durch Angaben zur Orientierung und evtl. deren Verteilung auf die Bereiche unterschiedlicher Ordnung, durch beim heutigen Erkenntnisstand nur in qualitativ beschreibender Form mögliche Aussagen über die morphologische Anordnung der einzelnen Faserschichten bzw. übergeordneten Struktureinheiten sowie durch Vorstellungen über das die wenig geordneten Faserbereiche durchziehende Porensystem [15].

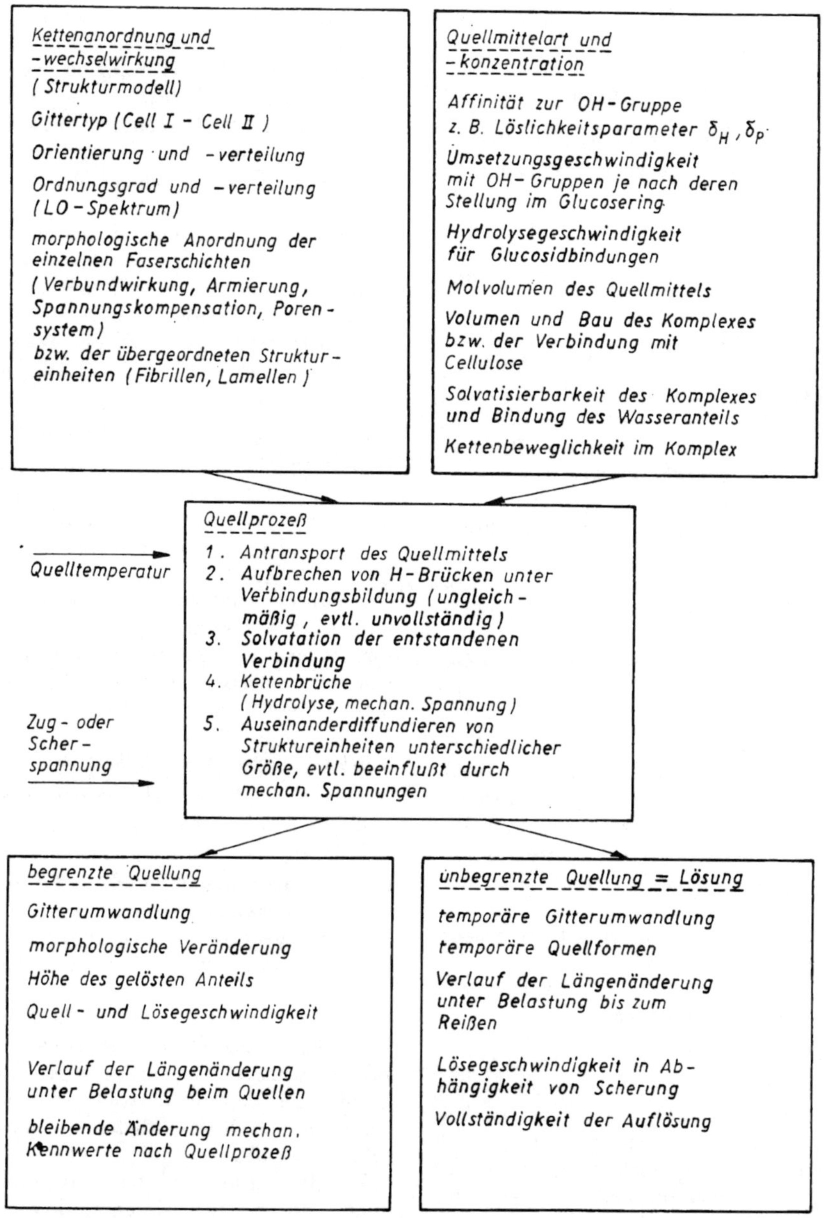

Bild 2. Schema des Quell- und Löseprozesses der Cellulose

Für die Einzelvorgänge beim Quell- und Löseprozeß lassen sich folgende Aussagen treffen: Der Antransport des Quellmittels spielt für den Ablauf einer unbegrenzten Quellung (Lösung) allenfalls eine recht untergeordnete Rolle. Ein Zusammenhang zwischen Lösegeschwindigkeit und Viskosität des Quellmittels ist nicht zu erkennen. Durch Verhornungserscheinungen bedingte Hemmungen werden durch lösend wirkende Systeme rasch überwunden. Voraussetzung einer unbegrenzten Quellung ist in jedem Falle eine „chemische Modifizierung der Cellulosekette" durch Verbindungsbildung mit dem Quellmittel, die die erforderliche Triebkraft zum Auflockern intermolekularer H-Brücken in den höher geordneten Bereichen liefert, die verbunden sein muß mit einer ausreichenden Solvatisierung der entstandenen Verbindung und die begleitet sein kann von einzelnen Kettenbrücken, die den Löseprozeß ebenfalls begünstigen. Über die Art der entstehenden Verbindungen liegen heute meist schon recht fundierte Informationen vor, so für die Komplexlösungsmittel Cuoxam [16], Cuen [17], Cadoxen [17, 18] und EWNN [19], wie auch für die Quellung in $ZnCl_2$ [20] und in H_3PO_4 [21], während die Struktur der Additionsverbindungen mit Alkalihydroxiden trotz fast 100jähriger Bearbeitung dieses Problems auch heute noch nicht definitiv geklärt ist. Ohne auf Einzelheiten der Struktur dieser Verbindungen einzugehen, die z. B. in einer Übersichtsarbeit von *Danilov* u. a. [22] ausführlich referiert sind, läßt sich der heute erreichte Erkenntnisstand stark schematisiert dahingehend zusammenfassen, daß ein Einbau von OH-Gruppen der Cellulose, und zwar bevorzugt solcher an den C-Atomen 2 und 3 des Glucoseringes, in eine Hydratationslücke (z. B. in konz. $ZnCl_2$-Lösungen) bzw. eine Koordinationslücke eines Komplexes (z. B. in EWNN-Lösungen) das wesentliche Prinzip der Verbindungsbildung bei den hier betrachteten wäßrigen Systemen darstellt, wobei Gleichgewichtslage und Geschwindigkeit der Verbindungsbildung für die einzelnen Systeme recht unterschiedlich sein kann (langsame Umsetzung mit EWNN und mit $ZnCl_2$-Lösungen, sehr rasche Umsetzung mit Alkalihydroxiden). Wesentlich unbefriedigender ist der Stand unserer Kenntnisse zu der für den Löseprozeß unbedingt notwendigen Solvatation bzw. Hydratation der entstehenden Verbindungen, einmal infolge der zahlreichen noch offenen Grundfragen, zum anderen auf Grund der bei Cellulosefasern auftretenden speziellen Effekte, die wie beispielsweise *Donnan*-Gleichgewichte in der Quellungstheorie nach *Neale* [23] oder die „Hydratwasserexpansion" in den Vorstellungen von *Bartunek* [21] teilweise als Basis einer in sich geschlossenen Theorie der Cellulosequellung herangezogen wurden. Den letzten Teilschritt des Löseprozesses, das Auseinanderdiffundieren solvatisierter Celluloseketten, Kettenbündel oder auch größere Struktureinheiten, halten wir für den in vielen Fällen geschwindigkeitsbestimmenden Schritt beim Löseprozeß, sofern nicht, wie bei EWNN, eine Hemmung der Auflösung, wahrscheinlich infolge einer sehr langsamen Verbindungsbildung, erfolgt.

Bei einer modellmäßigen Beschreibung des Quell- und Löseprozesses ist zu berücksichtigen, ob die Einwirkung des Quellmittels an der unbelasteten Faser oder unter mechanischer Spannung erfolgt. Zwar wird in beiden Fällen der Primärschnitt in einer Wechselwirkung des Quellmittels mit den über H-Brücken assoziierten OH-Gruppen der Celluloseketten unter Lösung schwächerer Haftpunkte und Solvatbildung mit dem Quellmittel bestehen. Im Falle der *unbelasteten Faser* erfolgt dies unter Spannung der verbliebenen Netzstruktur, d. h. Schrumpfung bei weiterer Lösung von Haftpunkten zwischen den Struktureinheiten höheren Ordnungsgrades, die bei ausreichender Lösekraft, d. h. ausreichender Affinität des Quellmittels zu den OH-Gruppen und ausreichender Löslichkeit des entstandenen Solvats bzw. der Additionsverbindung in Quellmittelüberschuß, zu einer Trennung der morphologischen Einheiten unter Zerfall der Verbundstruktur der Faser infolge ungleicher Quellung der einzelnen Schichten führt, woran sich dann ein allmählicher Löseprozeß der Bruchstücke anschließt. Bei *hoher*, jedoch unterhalb der Bruchlast im trockenen Zustande liegenden *Belastung* schafft die Lösung von Haftpunkten die Möglichkeit zum leichteren gegenseitigen Abgleiten der Celluloseketten, das zu einer den im unbelasteten Zustand auftretenden Schrumpf überkompensierenden Längung führt, die bei entsprechend hoher Quellkraft und/oder Belastung zum Abreißen führt bzw. unter milderen Bedingungen einen Gleichgewichtswert der Längung erreichen läßt.

Man darf wohl annehmen, daß beim Reißen des Fadens im gequollenen Zustand kaum einzelne Kettenbrüche, sondern vielmehr ein solches Abgleiten der Ketten maßgeblich ist. Analytisch interessant erscheint vor allem der Bereich zwischen diesen beiden Extremen

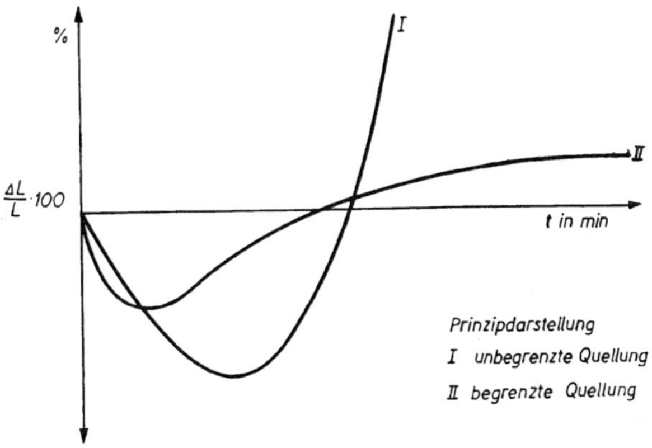

Bild 3. Verlauf der Längenänderung unter Belastung bei begrenzter und unbegrenzter Quellung

der „Quellung ohne Belastung" und des „Reißens unter Quellung bei hoher Belatung", da hier durch die Überlagerung verschiedener möglicher Vorgänge, die in Abhängigkeit von Cellulosestruktur und Quellmittelart mit unterschiedlichem Gewicht am Gesamtprozeß beteiligt sind, eine gute Differenzierung nach Faser- und Quellmitteltyp möglich ist. In diesem Bereich geringer bis mittlerer Belastung könnte man unter gewisser Schematisierung unterscheiden zwischen den Vorgängen:

a) einer primären Längung durch Freisetzung von verhängten bzw. verschlauften Kettenabschnitten in wenig geordneten Faserbereichen unter Lösung einiger schwacher Haftstellen, wie sie z. B. schon mit reinem Wasser als Quellmittel fast augenblicklich eintritt,
b) einer gegenläufigen Schrumpfung, die den Vorgang a) überkompensieren kann, wenn entweder hochorientierte Ketten (z. B. bei Cordseiden) nach Lösung einiger Haftpunkte relaxieren können und/oder durch Adduktbildung und Solvatation im Quellmittel das verbliebene Kettennetz gedehnt und unter diesem Quellungsdruck ein Schrumpf erzwungen wird, und schließlich
c) einer in allen Fällen auftretenden „sekundären" Längung durch Ableiten der Ketten.

Vorgang c) kann dabei mit Vorgang b) bei begrenzter Quellung in schwachen Quellmitteln zeitlich zusammenfallen (z. B. 2%ige NaOH), sich aber auch deutlich erkennbar an eine zunächst erfolgte Schrumpfung anschließen, z. B. Viskosefasern in EWNN oder in H_3PO_4. Der zeitliche Verlauf dieser sekundären Längung unterscheidet sich dabei, je nachdem, ob ein Gleichgewichtswert erreicht wird, das Netz aus Celluloseketten, bzw. größeren strukturellen Einheiten mit durchlaufenden Ketten also schließlich die Belastung aushält (gegen die Zeitachse konvexe Kurve, vgl. Bild 3), oder ob das Abgleiten zu einer zunehmenden Schwächung des Netzes bis zum Abreißen führt (gegen die Zeitachse konkave Kurve, vgl. Bild 3). Nur in einzelnen Fällen ist es möglich, alle drei Vorgänge getrennt nacheinander zu beobachten. Ein Abreißen erfolgt zumeist im Zusammenhang mit der sekundären Längung, falls nicht, wie z. B. mit unverdünnter EWNN-Lösung bei Baumwolle beobachtet, die Faser infolge hohen Quellungsdrucks und rascher Lösung auch festerer Haftstellen schon im Stadium der Schrumpfung reißt.

Im Hinblick auf analytische Aussagen sei auf den Einfluß des Spannungszustandes der Ausgangsfaser auf den Längenänderungsverlauf und damit auf die Möglichkeit zur Erkennung von Orientierungsunterschieden in Viskosefäden ausdrücklich hingewiesen.

Zweifellos werden quellungsmorphologische Untersuchungen an unbelasteten Cellulosefasern ihren Wert zur Erkennung des Fasertyps und der Variationen im Faserbau behalten. Sie lassen jedoch nur recht bedingt Rückschlüsse auf das mechanische Verhalten bei Quellmitteleinwirkung im belasteten Zustande zu und sollten für diesen Zweck durch Ausbau und Systematisierung der Meßmethode der „Längenänderung unter Belastung" ergänzt werden.

Eine Klassifizierung der hier betrachteten wäßrigen Quell- und Lösemittelsysteme kann unter verschiedenen Gesichtspunkten erfolgen: Vom morphologischen Quellbild her wäre eine Einteilung in alkalische (Kugelbauchquellung) und saure (Rißbildung) Quellmedien sinnvoll; hinsichtlich des zeitlichen Ablaufes fallen EWNN und $ZnCl_2$ durch ihre im Vergleich zu den anderen Systemen langsamere Wirkung auf. Legt man den chemischen Mechanismus des Löseprozesses zugrunde, berücksichtigt also Unterschiede in der chemischen Struktur der Additionsverbindungen, der Geschwindigkeit ihrer Entstehung, der Solvatation dieser Verbindungen und der dann gegebenen Beweglichkeit der Celluloseketten sowie hinsichtlich der parallel zum Löseprozeß erfolgenden Kettenbrüche, so bietet sich folgendes Einteilungsschema an:

a) NaOH sowie andere Alkalihydroxide und Tetraäthylammoniumhydroxid,
b) Metallkomplexlösemittel außer EWNN,
c) EWNN,
d) $ZnCl_2$-Lösungen,
e) H_3PO_4.

Bei Gruppe a) und b) kommt es zu einer sehr raschen Bildung lockerer Additionsverbindungen mit geringer Kettensteifheit, wobei die Stabilität der Verbindung bei b) größer als bei a) ist, was mindestens z. T. die höhere Lösekraft der Gruppe b) erklären könnte. Ob die unterschiedliche Lösegeschwindigkeit bei Cuoxam und Cadoxen auf eine unterschiedliche Solvatation des Komplexes zurückzuführen ist, muß vorerst offen bleiben. EWNN als Lösungsmittel könnte vom gebildeten Verbindungstyp her zur Gruppe b) zählen, unterscheidet sich aber signifikant durch den langsameren, aber in jedem Falle durchgreifenderen Verlauf des Löseprozesses und durch die im Gegensatz zu Cadoxen sehr allmähliche Änderung der Lösekraft mit der Komplexkonzentration. Neben der schon erwähnten, möglicherweise auch mit auf das große Molvolumen des Komplexes zurückzuführenden langsameren Komplexbildung mit EWNN sehen wir die Ursache für die verzögerte Auflösung der Cellulose in diesem Medium auch in einer verhältnismäßig großen Kettensteifheit des EWNN/Cellulose-Komplexes [24].

Gruppe d) und e) unterscheiden sich von alkalischen Medien der Gruppen a) bis c) vor allem durch den parallel erfolgenden hydrolytischen Kettenabbau, der wahrscheinlich vorrangig an Stellen hoher mechanischer Spannung stattfindet und zur Rißbildung in der Faserstruktur führt. Wesentliche Unterschiede zwischen d) und e) ergeben sich sowohl hinsichtlich des Verbindungstyps als auch vor allem hinsichtlich der erreichbaren Quellwirkung.

4. *Schlußbemerkungen*

In der vorliegenden Arbeit wurde versucht, die Vielzahl der aus eigenen Untersuchungen und aus Publikationen anderer Autoren vorliegenden experimentellen Fakten zum Quell- und Löseprozeß der Cellulose in wäßrigen Medien unter einigen subjektiv ausgewählten Gesichtspunkten systematisch zusammenzufassen. Als Ergebnis dieser Überlegungen wurde ein qualitatives Modell des Löseprozesses diskutiert. Eine Quantifizierung dieses Modells und die Aufstellung mathematischer Korrelationen zwischen Eingangs- und Ausgangsgrößen erscheint beim derzeitigen Erkenntnisstand noch nicht möglich, im Gegensatz etwa zum Löseprozeß synthetischer Polymerer in Einkomponentensystemen (vgl. [25]), für den solche Beziehungen auf thermodynamischer Basis schon aufgestellt wurden. Für Cellulose ist ein solches Vorgehen auf Basis der Mischphasenthermodynamik nicht gegeben, einmal wegen der Komplexität des stets eine chemische Modifizierung der Polymerkette einschließenden Löseprozesses, zum anderen, weil nicht nur recht zahlreiche und miteinander gekoppelte, sondern zum Teil auch bisher nur qualitativ beschreibbare Eingangsgrößen vorliegen. Immerhin erscheint für die Zukunft die Aufstellung von quantitativen Teilkorrelationen möglich durch einen weiteren Ausbau von Methodenkombinationen für die Charakterisierung sowohl der Struktur der Ausgangsfaser als auch der beim Quell- und Lösevorgang erzielten Änderungen.

5. *Literatur*

[1] *Hampe, H., Philipp, B.,* und *Baudisch, J.:* Vergleichendende Untersuchungen zum Quell- und Löseverlauf von Cellulosefasern in verschiedenen Medien. Teil I. Faserforsch. und Textiltechnik **23** (1972) 10, S. 425—434.

[2] *Dolmetsch, H., Franz, E.,* und *Correns, E.:* Zusammenhänge zwischen morphologischem Bau und Reaktionsweise technischer Zellstoffe. J. makromol. Chemie **1** (1943) S. 167—184.

[3] *Jayme, G.,* und *Harders-Steinhäuser, M.:* Zerfallsformen bei der Auflösung von Fasern als Auswirkung der Quellungsdynamik. Papier **10** (1956) S. 282—286. Beziehungen zwischen Feinbau und Quellungsformen von Cellulosefasern in Celluloselösungsmitteln. Z. wiss. Mikroskopie mikroskop. Technik **66** (1964) S. 54—63.

[4] *Künschner, A.:* Querschnitts- und quellungsmorphologische Untersuchungen zur Unterscheidung der einzelnen Typen von Modalfasern untereinander und von anderen nach dem Viskoseverfahren hergestellten Fasern. Chemiefasern **17** (1967) S. 596—601, 744—752, 799—816, 1002—1009; **18** (1968) S. 54—60, 123—132.

[5] *Bobeth, W.:* Mikroskopische Quellungsuntersuchungen an unbeanspruchten und beanspruchten Baumwollfasern. Faserforsch. u. Textiltechnik **18** (1967) S. 213 bis 222.
Bobeth, W.: Nutzungsmöglichkeiten der Textilmikroskopie. Dt. Textiltechnik **15** (1965) S. 39—48, 93—99.

[6] *Philipp, B.,* und *Baudisch, J.:* Strukturuntersuchungen an Celluloseregeneratfäden mit chemischen Accessibilitätsmethoden. Faserforsch. u. Textiltechnik **15** (1964) S. 30—39; **16** (1965) S. 272—281.
Philipp, B., und *Baudisch, J.:* Zum Quell- und Löseverhalten verschiedener kommerzieller Reifencordseiden in EWNN. Faserforsch. u. Textiltechnik **17** (1966) S. 473—474.

[7] *Jayme, G.*, und *Harders-Steinhäuser, M.:* Vorgänge beim Quellen und Lösen faserförmiger Pflanzenzellen in neuen Lösungsmitteln. Papier **14** (1960) S. 228 bis 234.

[8] *Wünsch, E.*, und *Hoffrichter, S.:* Nachweis von Kern-Mantel-Strukturen in Celluloseregeneratfasern. Mitt. Inst. Textiltechnol. Chemiefasern Rudolstadt **6** (1962) S. 181—189.
Hoffrichter, S.: Quellungsvorgänge an Viskosefasern. Mitt. Inst. Textiltechnol. Chemiefasern Rudolstadt **7** (1963) S. 147—152.
Theidel, H.: Über neuere Ergebnisse von viskosimetrischen und mikroskopischen Untersuchungen an Cellulosefasern. Melliand Textilber. **43** (1962) S. 838—840.

[9] *Centola, G.*, und *Borruso, D.:* Trockenmahlung von verschiedenen Zellstofftypen. Ind. Carta **16** (1962) S. 87—93.
Jayme, G., Harders-Steinhäuser, M., Balser, K., und *Büttel, H.:* Die theoretische Bedeutung der Festigkeit von Papier aus Viskose-Flachfasern. Papier **16** (1962) S. 541—545.

[10] *Centola, G.*, und *Riva, F.:* Beobachtungen über die Beziehungen zwischen Eigenschaften und Struktur von Rayon hoher Festigkeit. Melliand Textilbar. **44** (1962) S. 551—556.
Centola, G., und *Riva, F.:* Lösungsverlauf, übermolekularer Bau und textile Eigenschaften der Celluloseregeneratfasern. Faserforsch. u. Textiltechnik **16** (1965) S. 475—481.

[11] *Philipp, B.*, und *Lukanoff, T.:* Über die Lösegeschwindigkeit verschiedenartiger Zellstoffe bei einer Emulsionsxanthogenierung. Faserforsch. u. Textiltechnik **12** (1961) S. 236—246.

[12] *Hampe, H.:* Dissertation TU Dresden, in Vorbereitung.

[13] *Manley, R. S. J.:* Crystals of cellulose. Nature, London **189** (1961) S. 390—391.
Manley, R. S. J.: Growth and morphologie of single crystals of cellulose triacetate. J. Polymer Sci., A: General Papers **1** (1963) S. 1875—1892.
Manley, R. S. J.: Fine structure of native cellulos microfibrils. Nature **204** (1964) S. 1155—1157.

[14] *Marchessault, R. H.*, und *Howsmon, J. A :* Experimental evalution of the lateral-order distribution in cellulose. Textile Res. J. **27** (1957) S. 30—41.

[15] *Schurz, J.:* Bericht über das Rundtischgespräch für Cellulosechemiker. Teil 3. Papier **23** (1969) S. 872—878.
Ruck, H.: Zur Dichtebestimmung der Cellulose. Papier **21** (1967) S. 697—713.

[16] *Hess, K.*, und *Messmer, E.:* Über den asymmetrischen Aufbau der Cellulose und über die Beeinflussung der Rotation von Kohlehydraten durch Kupferhydroxyd-Ammoniak. Ber. dt. chem. Ges. **54** (1921) S. 834—841.
Hess, K., und *Messmer, E.:* Zur Kenntnis der Cellulose-Kupferverbindungen. Ber. dt. chem. Ges. **55** (1922) S. 2432—2443.
Hoelkeskamp, F.: Über die Zusammensetzung der Kupferoxydammoniak- und der Kupferalkalicellulose. Papier **16** (1962) S. 102—105. **18** (1964) S. 201—204.

[17] *Vink, H.:* Studies on the formation of metal-polysaccharide complexes in the cellulose solvents Cuoxen and Cadoxen. Makromol. Chemie **76** (1964) S. 66—81.
Vink, H.: Studies on alcaline solutions of cellulose with special reference to cupriethylenediamine solutions. Svensk Papperstidning **63** (1960) S. 24—27.

[18] *Lindberg, B.*, und *Svan, W.:* Acta chem. scand. **17** (1963) S. 913—915.

[19] *Hanby, J. E.:* Bond structure in the Alkaline-Ferric-Tartrate system. Tappi, New York **52** (1969) S. 1189 bis 1190.

[20] *Richards. N. J.:* Aqueous zinc chloride systeme and its complex formation with cellulose-related compounds. Tappi, New York **52** (1969) S. 1367.

[21] *Bartunek, R.:* Über Umsetzung, Quellung und Lösung von Cellulose in Elektrolytlösung. Papier **7** (1953). S. 153—158.

[22] *Danilov, S. N., Samsonova, T. J.*, und *Bolotnikova, L. S.:* Investigations of Solutions of Cellulose. Russian Chemical Reviews **39** (1970) S. 156—168.

[23] *Neale, S. M.:* The swelling of cellulose and its affinity relations with aqueous solutions. J. Textile Inst. **20** (1929) S. T 371—400; **21** (1930) S. T 225—230; **22** (1931) S. T 320—338.

[24] *Valtasaari, L.:* The configuration of cellulose dissolved in iron-sodium tartrate. Makrom. Chemie **150** (1971) S. 117—121.

[25] *Show-An Chen:* Polymer miscibility in organic solvents and in plasticizers — A two-dimensional approach. J. appl. Polymer Sci. **15** (1971) S. 1247—1266.

Eingegangen am 12. Oktober 1972

Untersuchung über den Wechselwirkungsaustausch in Schmelzemischungen aus heterokettigen faserbildenden Polymeren nach dem DTA-Verfahren

Kiril Dimov und Janko Georgiev
Chemisch-Technologisehes Institut in Sofia/VR Bulgarien

DK 677.494 [Bikomp.] : 677.494.675'126 : 677.494.674'524'420 : 543.226 : 677.017.56 : 536.495

Die Kinetik und der Mechanismus des Wechselwirkungsaustausches bei thermischer Behandlung der Kompositionsprodukte aus Polycaproamid (PCA) und Polyäthylenterephthalat (PÄT) mit Hilfe des DTA-Verfahrens wurden untersucht und diskutiert. Dabei konnte festgestellt werden, daß die Veränderungen in den endothermen Schmelzpeaks und exothermen Kristallisationspeaks im Verlaufe der Austauschreaktionen in direkter Verbindung mit dem Gehalt der freien endständigen Aminogruppen des Produktes stehen. Als allgemeines Kennzeichen, das die untersuchten Kompositionsprodukte charakterisiert, wird der Parameter P aus der *Flory*schen Gleichung für die Schmelztemperaturerniedrigung des Copolymeren vorgeschlagen.

Изучение обменного взаимодействия в смесях расплавов гетероцепных волокнообразующих полимеров методом ДТА

Методом ДТА изучены кинетика и механизм обменного взаимодействия при термической обработке композиций из поликапроамида и полиэтилентерефталата. При этом установлено, что между изменениями эндотермических пиков кристаллизации в ходе обменных реакций и содержанием свободных концевых аминогрупп в продукте существует непосредственная взаимосвязь. В качестве общего показателя, характеризующего изученные композиции, предложен параметр P уравнения Флори для снижения температуры плавления сополимеров.

DTA Investigation on the Interaction Exchange in Mixtures of Melts of Fibre-forming Heterochain Polymers

DTA investigations of the kinetics and mechanism of interaction exchange during thermal treatment of compositions of polycaproamide and polyethylene terephthalate are described. Durimg the exchange reaction the changes in the endothermic melt peaks and exothermic crystallisation peaks were found to be directly related to the content of the free amino end groups in the produducts. The paramerter P of the Flory equation for the melt temperature depression of copolymers is suggested to be a general characteristic of the investigated compositions.

Einleitung

Die Herstellung von Fäden aus Schmelzedispersionen von heterokettigen faserbildenden Polymeren (Polyamid/Polyamid, Polyamid/Polyester) ist mit der Verträglichkeit der Komponenten im Dispersionssystem und den chemischen Prozessen eng verbunden, die bei der thermischen Verarbeitung der Mischschmelze verlaufen und die, in Abhängigkeit von den Parametern der letzteren (Temperatur, Zeitdauer, Zusätze, Apparaturgestaltung des Prozesses) zur Gewinnung von Produkten führen, deren Eigenschaften sich von denjenigen der Ausgangshomopolymeren und ihrer mechanischen Mischung unterscheiden. Heute könnte man als nachgewiesen annehmen, daß bei gemeinsamer thermischer Aufarbeitung (in Lösung, in der Schmelze oder in festem Zustand) von zwei heterokettigen Polymeren, die Ester- und/oder Amidbindungen enthalten, zwischen den Makromolekülen verschiedenen Typs ein Wechselwirkungsaustausch stattfindet. Das mechanische Gemisch erfährt dabei durch Übergehen über thermodynamisch nichtbeständige Blockcopolymere von kontinuierlich sich vermindernder Blockgröße eine allmähliche Umsetzung in ein thermodynamisch beständiges statistisches Copolymeres [2 bis 19]. Eine Veränderung der Systemeigenschaften tritt mit Erhöhung des Wechselwirkungsaustausches ein. Die relativ niedrige Geschwindigkeit der Austauschreaktionen gestattet das Einstellen des Prozesses auf eine Zwischenetappe, bis zum Anfallen eines Produkts mit gewünschten Eigenschaften. Obgleich thermodynamisch unbeständig, würde dieses Produkt aus demselben Grunde in festem Zustand seine Eigenschaften praktisch unverändert beibehalten. Das Produkt des Wechselwirkungsaustausches von zwei Homopolymeren in gegebenem Zwischenzustand stellt im allgemeinsten Fall ein Gemisch aus den Ausgangspolymeren, den Blockcopolymermakromolekülen von unterschiedlicher Blocklänge und dem statistischen Copolymeren dar [3]. Hauptforderung beim Herstellen von Fäden aus Schmelzedispersionen von heterokettigen Polymeren (Polyamid/Polyester, Polyamid/Polyamid) ist, daß die Homogenisierung der Mischung unter niedrigst verlaufendem Wechselwirkungsaustausch erfolgt [20]. Die unter diesen Bedingungen anfallenden Produkte stellen fast reine mechanische Mischungen oder Mischungen von den Ausgangshomopolymeren mit den entsprechenden Blockcopolymeren dar. Die Eigenschaften dieser Produkte bei sonst gleichen anderen Bedingungen werden durch die Mischungszusammensetzung, durch die Blockgröße und ihr Verhältnis in den Makromolekülen des Blockcopolymeren bestimmt.

In der vorliegenden Arbeit werden die Kinetik und der Mechanismus des Wechselwirkungsaustausches bei thermischer Behandlung von Kompositionsprodukten aus PCA und PÄT auf Basis der Ergebnisse der DTA und des Gehalts an Aminoendgruppen diskutiert. Als allgemeines Kennzeichen, das die Blockmenge und -länge in den Blockesteramiden charakterisiert, wurde der Parameter P aus der Gleichung von *Flory* für die Ermäßigung der Schmelztemperatur der Copolymeren benutzt.

Experimenteller Teil

Als Ausgangsprodukte wurden benutzt: Polycaproamid (PCA) WIDLON — extrahierte, nichtmattierte Granulate mit einer rel. Viskosität (0,5%ige Lösung in m-Kresol bei 25 °C) von 1,64; Aminoendgruppengehalt (NH_2) $= 2{,}34 \cdot 10^{-5}$ g Äqu/g, (COOH) $V = 3{,}2 \cdot 10^{-5}$ g Äqu/g; Polyäthylenterephthalat (PÄT) JAMBOLEN — mattierte Granulate, rel. Viskosität (0,5%ige Lösung in m-Kresol, 25 °C) 1,17; Polyhexamethylenadipinamid (PHMAA) — mattierte Textilseide, mehrmalige Umfällung aus Ameisensäurelösung mit rel. Viskosität (0,5%ige Lösungen in m-Kresol, 25 °C) 1,51 ($NH_2 = 4{,}20 \cdot 10^{-5}$ g Äqu/g; (COOH) $= 4{,}1 \cdot 10^{-5}$. Die Kompositionsprodukte wurden im Reagenzglas beim Erhitzen mittels Aluminiumblockthermostat im Bad von Wood-Legierung erhalten. Das Umrühren erfolgte mittels Durchblasen von Stickstoff durch die Schmelze. Die Differentialthermoanalyse der Proben wurde am Derivatograph Typ OD-102, Erzeugnis der MOM, Budapest, ausgeführt. Die Proben erhitzte man gleichmäßig bis 300 °C mit einer durchschnittlichen Geschwindigkeit von 3 grd/min und in dynamischer Stickstoffatmosphäre (Bilder 2, 3, 4 und Bild 1, Kurven 1, 3, 5), bzw. statischer Luftatmosphäre (Bild 1, Kurven 2, 4, 6). Die DTA-Daten sind in Form von Kurven der Substanzerhitzung in Koordinaten Enthalpie/Temperatur (Bilder 1 bis 4) dargestellt.

Ergebnisse

In methodischer Hinsicht umfaßt die Aufgabe das Verfolgen des Umsetzungsprozesses der mechanischen Mischung aus den beiden Homopolymeren in Copolymere. Über die Tiefe der verlaufenden Austauschreaktionen wird nach der Verschiebung der endothermen Schmelzpeaks der Gemischkomponenten in Abhängigkeit von der Dauer der thermischen Behandlung beurteilt. Nach 1 h Wechselwirkung einer Mischung aus PCA und PÄT (Verhältnis der rel. Molekülmasse 0,5 : 0,5) bei 270 °C werden auf dem Thermogramm (Bild 2, Kurve 1) zwei endotherme Schmelzpeaks beobachtet, die mit einer gewissen Annäherung auf die Schmelztemperaturen der Ausgangshomopolymeren bezogen werden können. Bei 3 h thermischer Behandlung (Bild 2, Kurve 2) wird außer den beiden endothermen Hauptschmelzpeaks auf dem Thermogramm ein zusätzlicher endothermer Peak bei 273 °C und eine Krümmung der Kurve bei 241 °C beobachtet, der wegen der Überlagerung des Peaks bei 226 °C als „getarnter" endothermer Peak angesehen werden kann. Bei 3 h Behandlung wird ein zusätzlicher endothermer Peak bei 273 °C beobachtet, während die Krümmung bei 241 °C verschwindet (Bild 2, Kurve 3). Nach 8 h thermischer Behandlung bei 270 °C ergibt das Mischungsprodukt ein Thermogramm mit zwei endothermen Schmelzpeaks (Bild 2, Kurve 4), und nach 15 h hat das Produkt nur *eine* Schmelztemperatur (Bild 2, Kurve 6). Das beobachtete thermographische Bild des Wechselwirkungsaustausches kann leicht gedeutet werden, wenn man die kleine Geschwindigkeit der bei der gemeinsamen thermischen Behandlung von PCA und PÄT verlaufenden Austauschreaktionen in Betracht zieht. Die zusätzlichen endothermen Peaks auf den Thermogrammen 2 und 3 (Bild 2) sind aller Wahrscheinlichkeit nach mit den Schmelzprozessen der reinen Homopolymeren PCA und PÄT verbunden, verschoben zu höheren Temperaturen wegen der „Überdeckung" mit den Schmelzprozessen der betreffenden Blockcopolymeren.

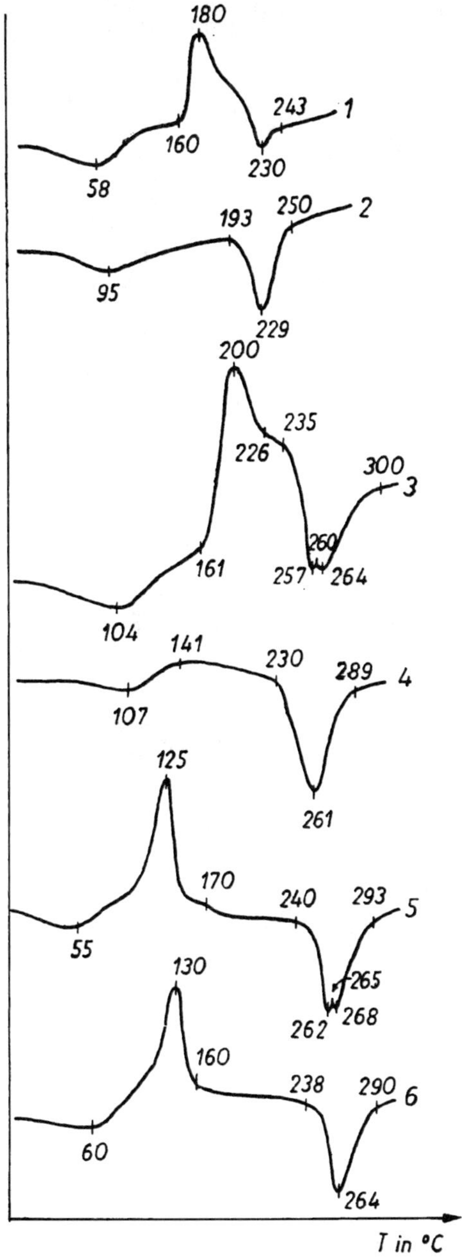

Bild 1. DTA der Homopolymeren PCA, PÄT, PHMAA
1 und 2 PCA; 3 und 4 PHMAA; 5 und 6 PÄT
1, 3 und 5 in statischer Luftatmosphäre
2, 4 und 6 in dynamischer Stickstoffatmosphäre

Bekanntlich verläuft das Anfangsstadium des Wechselwirkungsaustausches im System Polyamid/Polyester auf Kosten der Aminolyse der Esterbindungen [19]. In unserem Falle sprengen die Polycaproamidmoleküle, die Aminoendgruppen enthalten, die Estergruppierung, wobei sie mit Hilfe der Amidgruppierung einen Teil des Polyestermakromoleküls an sich binden, und es wird dadurch eine Kette vom Blockpolymeren gebildet. Der restliche Teil des Polyestermoleküls erhält eine endständige Hydroxylgruppe. Die Austauschreaktionen sind eine Teil vom Polykondensationsgleichgewicht und sie entstehen auch bei thermischer Behandlung zwischen einheitlichen Molekülen eines Homopolymeren (Polyamid, Polyester). Diese Veränderungen führen zu Änderungen, die mit der Ermittlung der wahrscheinlichsten rel. Verteilung der Molekülmassen (MGV) verbunden sind. Folglich wäre zu erwarten, daß bei thermischer Behandlung von Schmelzedispersionen aus einem Polyamid (z. B. PCA) und einem Polyester (z. B. PÄT) der Austausch der Makromoleküle verschiedenen Typs zur Erreichung eines Mittelwertes nicht nach der chemischen Zusammensetzung, sondern auch nach der Kettenlänge erfolgt. Diese Tendenz läßt die Aminolyse der Esterbindungen am Ende der Kette wahrscheinlicher erscheinen oder die mehrmalige nacheinanderfolgende Aminolyse einer kleinen Anzahl aktivierter

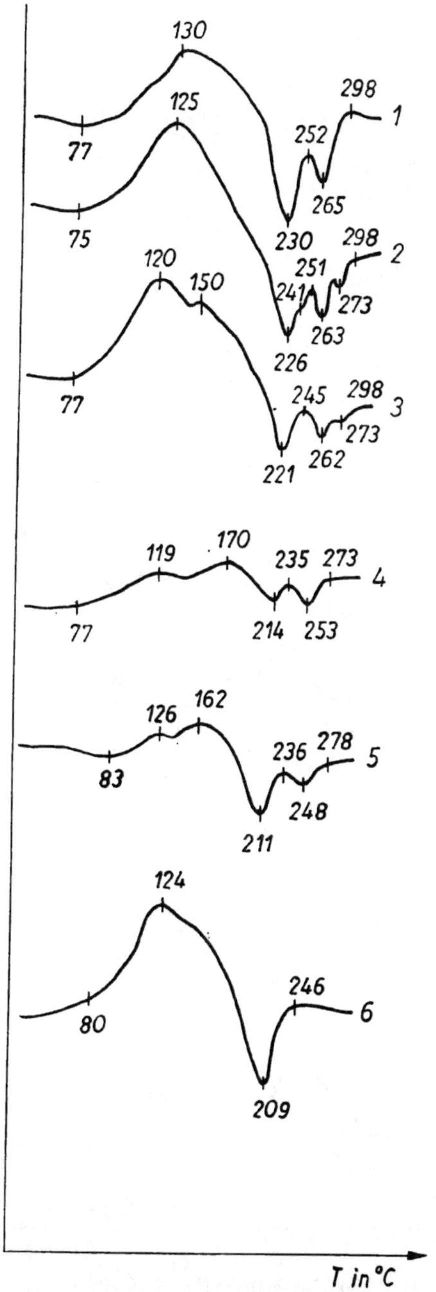

Bild 2. DTA in dynamischer Stickstoffatmosphäre der Mischungsprodukte aus PCA und PÄT beim Verhältnis der rel. Molekülmassen 0,5 : 0,5, erhalten nach thermischer Behandlung bei 270 °C

1 Dauer der thermischen Behandlung — 1 h
2 desgl. 3 h, 3 desgl. 5 h, 4 desgl. 8 h, 5 desgl. 10 h, 6 desgl. 15 h

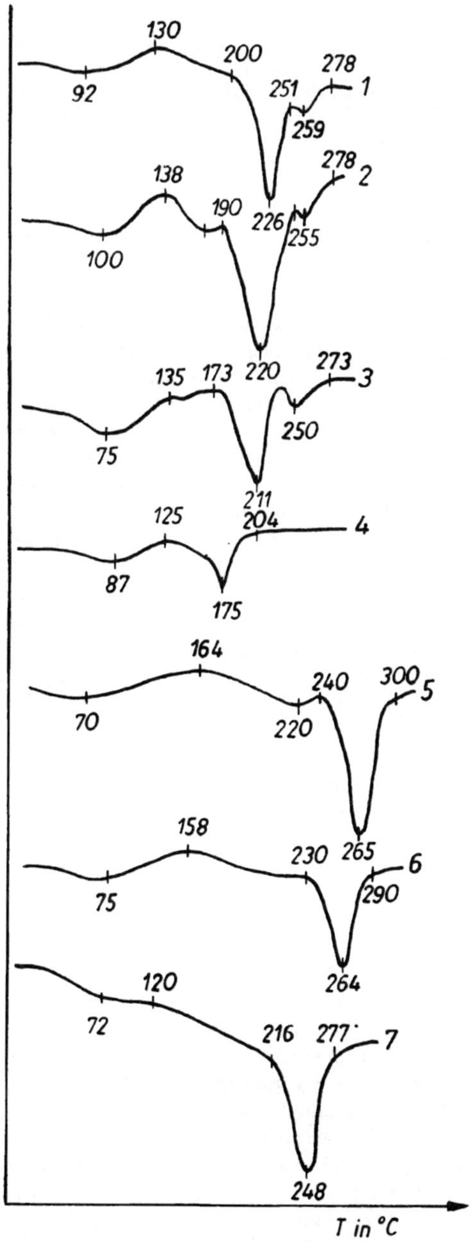

Bild 3. DTA in dynamischer Stickstoffatmosphäre der Mischungsprodukte aus PCA und PÄT, erhalten nach thermischer Behandlung bei 285 °C

1 Verhältnis der relativen Molekülmasse 0,9 : 0,1
Dauer der thermischen Behandlung 1 h
2 Verhältnis der relativen Molekülmasse 0,9 : 0,1
Dauer der thermischen Behandlung 3 h
3 Verhältnis der relativen Molekülmasse 0,9 : 0,1
Dauer der thermischen Behandlung 5 h
4 Verhältnis der relativen Molekülmasse 0.9 : 0,1
Dauer der thermischen Behandlung 30 h
5 Verhältnis der relativen Molekülmasse 0,1 : 0,9
Dauer der thermischen Behandlung 1 h
6 Verhältnis der relativen Molekülmasse 0,1 : 0,9
Dauer der thermischen Behandlung 3 h
7 Verhältnis der relativen Molekülmasse 0,1 : 0.9
Dauer der thermischen Behandlung 30 h

Polyestermoleküle; als Ergebnis davon werden Blockcopolymermakromoleküle mit vorwiegend langen Polycaproamidblöcken erhalten. Das Blockcopolymere von solchem Bau hat eine etwas niedrigere Schmelztemperatur als diejenige von PCA. Gleichzeitig damit, jedoch mit viel geringerer Geschwindigkeit, treten auch die Amidbindungen in eine Austauschreaktion ein, wobei Blockcopolymere in überwiegender Anzahl und mit großer Länge der Polyesterblöcke entstehen. Eben wegen der größeren Geschwindigkeit der Aminolyse während der ersten Austauschetappe verschiebt sich der Schmelzpeak des Blockcopolymeren, das vorherrschend PCA-Blocks enthält, schneller zu niedrigeren Temperaturen. Nach etwa 10 h thermischer Aufarbeitung unter den von uns angewandten Bedingungen behält der fragliche endotherme Peak fast einen konstanten Wert. Wahrscheinlich ist dies der Moment des Verbrauchs der freien NH_2-Endgruppen. Schnell beginnt sich der Schmelzpeak des Blockcopolymeren mit überwiegendem Gehalt an Polyesterblöcken zu niedrigeren Temperaturen zu verschieben. Nach 15 h Austausch der Wechselwirkung vereinigen sich beide endotherme Peaks: es entsteht ein Blockcopolymeres mit ungefähr gleichem Verhältnis an Polyester- und Polyamidblöcken. Bei Verlängerung der Zeitdauer der thermischen Behandlung läßt sich dieser Peak weiter zu den niedrigeren Temperaturen verschieben als Resultat der weiteren Verkürzung der Blocklängen, die durch die Austauschreaktionen bewirkt wird; diese Reaktionen verlaufen mit viel geringerer Geschwindigkeit wegen des Fehlens von reaktionsfähigen freien Aminoendgruppen. Eine gewisse Bestätigung für die Auslegung des thermographischen Bildes des Wechselwirkungsaustausches bei der thermischen Aufarbeitung des Mischungsprodukts WIDLON/JAMBOLEN stellen die Ergebnisse dar, die bei Bestimmung des Gehalts an freien Aminoendgruppen von manchen Produkten (Tabelle 1) erhalten werden. Nach 10 h Wechselwirkungsaustausch bei 270 °C vermindert sich der Gehalt an freien Aminoendgruppen im Mischungsprodukt fast bis auf Null.

Bei der Durchführung der thermischen Behandlung bei 285 °C fehlen die zusätzlichen endothermen Peaks, die von uns als Schmelzpeaks der unveränderten Homopolymeren angesehen wurden. Natürlich ist dies auf die größere Geschwindigkeit des Wechselwirkungsaustausches zurückzuführen. Einen Einfluß auf das thermographische Bild für den Wechselwirkungsaustauch hat

Tabelle 1. Gehalt an freien Aminoendgruppen in den Mischungsprodukten aus PCA und PÄT nach thermischer Aufarbeitung

Ausgangsproben im Verhältnis der rel. Molekülmassen	Dauer der Thermobehandlung h	Temperatur der Thermobehandlung °C	Gehalt an freien Aminoendgruppen nach der Thermobehandlung gÄqu/g · 10⁵
PCA:PÄT = 0,5:0,5	1	270	2,23
PCA:PÄT = 0,5:0,5	3	270	1,81
PCA:PÄT = 0,5:0,5	5	270	1,14
PCA:PÄT = 0,5:0,5	8	270	0,72
PCA:PÄT = 0,5:0,5	10	270	0,12
PCA:PÄT = 0,9:0,1	1	285	2,18
PCA:PÄT = 0,9:0,1	5	285	0,76

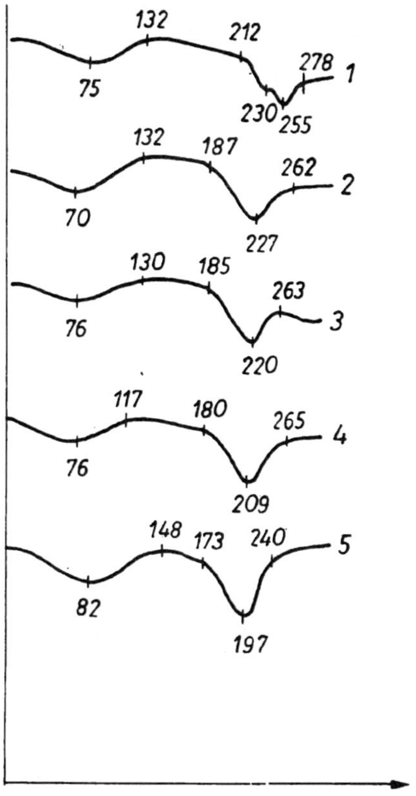

Bild 4. DTA in dynamischer Stickstoffatmosphäre der Mischungsprodukte aus PCA und PHMAA, beim Verhältnis der rel. Molekülmassen 0:,5 :0,5, erhalten nach thermischer Behandlung bei 270 °C
1 Dauer der thermischen Behandlung — 1 h
2 desgl. 3 h, 3 desgl. 4 h, 4 desgl. 6 h, 5 desgl. 8 h

auch das Ausgangsmischverhältnis der Komponenten in der Mischung. Beim Vorherrschen von PCA im Gemisch verläuft die Austauschreaktion mit größerer Geschwindigkeit (Bild 3). Auch hier wird in der ersten Etappe der Reaktion vor allem eine Senkung der Schmelztemperatur des Blockcopolymeren mit einem Mehrgehalt an Polycaproamidblöcken beobachtet.

Das thermographische Bild des Wechselwirkungsaustausches zwischen PCA und PHMAA (Bild 4) bedarf keiner detaillierten Auslegung. Dieses Bild ist eine Veranschaulichung der höheren Austauschgeschwindigkeit in den Kompositionsprodukten aus zwei Homopolyamiden (Bild 5). Beim Verhältnis der rel. Molekülmassen PCA : PHMAA 0,5 :0,5 fallen die beiden endothermen Schmelzpeaks nach 3 h Thermobehandlung bei 270 °C (Bilder 4 und 5) zusammen.

Es wäre interessant, die Änderung der exothermen Peaks auf dem thermographischen Bild der Austauschreaktionen zwischen PCA und PÄT (Bild 2), das in dynamischer Stickstoffatmosphäre aufgenommen wurde, zu verfolgen. Die nach 1 und 3 h thermischer Aufarbeitung bei 270 °C (Bild 2, Kurven 1 und 2) erhaltenen Kompositionsprodukte zeigen je einen exothermen Peak (entspr. bei 130 und 125 °C), den man mit einer gewissen Annäherung der kalten Kristallisation von PÄT zuschreiben kann. Nach 5 h thermischer Behandlung der Thermogramme (Kurven 3, 4 und 5 von Bild 2)

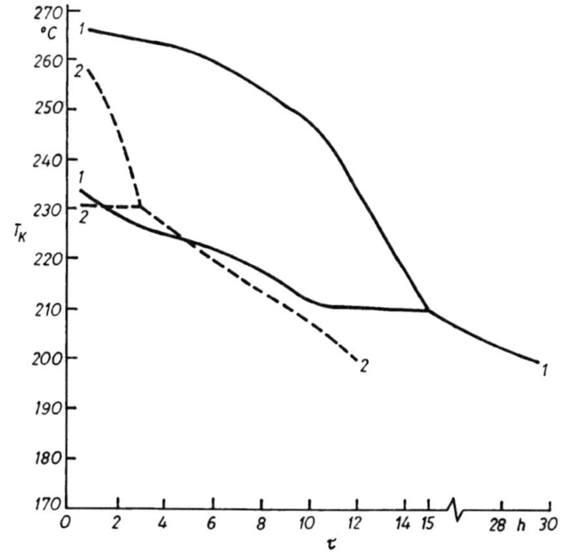

Bild 5. Veränderungen der Schmelzpunkte T_k der Mischungsprodukte aus PCA-PÄT (Kurve 1) und PCA-PHMAA (Kurve 2) in Abhängigkeit von der Dauer τ der thermischen Behandlung bei 270 °C

Tabelle 2. Wert des Parameters P in den Mischungsprodukten aus PCA und PÄT

Ausgangsproben im Verhältnis der rel. Molekülmassen	Dauer der thermischen Behandlung h	Temperatur der thermischen Behandlung °C	Ppca	Ppät
PA:PÄT = 0,5:0,5	3	270	0,82	0,97
PCA:PÄT = 0,5:0,5	5	270	0,63	0,92
PCA:PÄT = 0,5:0,5	8	270	0,43	0,70
PCA:PÄT = 0,5:0,5	10	270	0,36	0,59
PCA:PÄT = 0,9:0,1	1	285	0,82	0,84
PCA:PÄT = 0,9:0,1	3	285	0,60	0,74
PCA:PÄT = 0,9:0,1	5	285	0,36	0,63
PCA:PÄT = 0,9:0,1	30	285	0,029	—

erscheint ein zweiter exothermer Peak im Intervall 150 bis 170 °C. Dieser Peak wäre auf den Prozeß der kalten Kristallisation des Blockpolyesteramids, der überwiegende Mengen an Polycaproamidblöcken enthält, zurückzuführen. Nach 15 h thermischer Behandlung verschwindet der zweite exotherme Peak bei dem Mischungsprodukt, gleichzeitig mit der Vereinigung der beiden endothermen Schmelzpeaks. Man könnte die Schlußfolgerung ziehen, daß die Zunahme der Polyesterblockmenge im Blockcopolymeren, die eine überwiegende Zahl an Polycaproamidblöcken enthalten, dem letzteren oberhalb eines bestimmten Wertes die Fähigkeit zur kalten Kristallisation verleiht. Diese Kristallisation ist durch die Anwesenheit einer großen Anzahl von Polyamidblöcken beeinträchtigt, weshalb sie sich bei einer höheren Temperatur vollzieht. Ein ähnliches Bild wird auch bei dem Wechselwirkungsaustausch bei 285 °C (Bild 3) beobachtet. Die Blockcopolymeren und die Kompositionsprodukte, gewonnen auf der Basis von thermoplastischen keterokettigen Homopolymeren (Polyamide, Polyester), werden gewöhnlich in der Literatur durch irgendeine charakteristische Eigenschaft gekennzeichnet, die von der Produktzusammensetzung sowie von der Blockgröße und -menge (z. B. Schmelztemperatur, Löslichkeit in spezifischen Lösungsmitteln u. a.) abhängig ist, oder durch eine einfache Beschreibung ihrer Herstellungsbedingungen ausgedrückt wird. Die statistischen Copolymeren werden mit den Anteilen der rel. Molekülmassen der Copolymeren angegeben. Das Fehlen eines allgemeinen Kennzeichens für die Ermittlung und Charakterisierung der Blockcopolymeren und der Mischungsprodukte beeinträchtigt in gewissen Sinne den Gebrauch und die Gegenüberstellung der Literaturangaben aus den verschiedenen Literaturquellen. Als solches allgemeines Kennzeichen kann der Parameter *P* aus der Gleichung von *Flory* für die Herabsetzung der Schmelztemperaturen der Copolymeren [21, 22] benutzt werden:

$$\frac{1}{T_m} - \frac{l}{T_m^0} = -\frac{(R)}{\Delta H} \cdot \ln P. \qquad (1)$$

In der Gleichung (1) bedeutet T_m^0 die Schmelztemperatur des Homopolymeren auf Basis der überwiegenden Komponente; T_m die Schmelzwärme des Copolymeren; ΔH die Schmelztemperatur der überwiegenden Komponente in kcal/mol; R die Gaskonstante ($R = 1{,}987$ kal/grd mol); P die Wahrscheinlichkeit für eine aufeinanderfolgende Reihe von Eintypgliedern in den Makromolekülen.

Auf Grund der durch die DTA erhaltenen Ergebnisse über die Schmelztemperaturen wurden die Parameterwerte P der Kompositionsprodukte, gewonnen bei der thermischen Aufarbeitung von PCA/PÄT-Mischungen bei 270 °C (Tabelle 2), nach Gleichung (1) berechnet. Für die Werte der Schmelztemperaturen wurden Literaturdaten benutzt:

$$\Delta Hpca = 5152{,}8 \text{ kal/mol } [23],$$

$$\Delta Hpät = 4015{,}8 \text{ kal/mol } [24].$$

Die Gleichung von *Flory* ist für Copolymere mit überwiegendem Gehalt an der einen Komponente anwendbar. Infolgedessen ist sie auch in unserem Falle anzuwenden, unabhängig von dem Ausgangsverhältnis der Mischungskomponenten, und zwar für die Mischungsprodukte, die bei kurzer thermischer Behandlung erhalten wurden. Wie bereits hervorgehoben, stellen diese Produkte ein Gemisch aus zwei Blockcopolymeren dar, in jedem davon überwiegen die Blöcke der einen Komponente. Es ist dabei klar, daß jedes von diesen Produkten durch zwei Werte des *P*-Indexes charakterisiert werden muß, die der Blockzahl und -länge in den beiden Blockcopolymeren entsprechen werden.

Aus den Angaben der Tabelle 2 ist ersichtlich, daß der Parameter P gegenüber kleinen Schmelztemperaturänderungen der Blockcopolymeren ziemlich empfindlich ist. So z. B. vermindert sich bei Ermäßigung der Schmelztemperatur von 264 auf 262° C, d. h. um etwa 0,75% (siehe Bild 2), P von 0,97 bis auf 0,92, d. h. um etwa 5,25% (Tabelle 2). Bei den Kompositionsprodukten, die zwei Blockcopolymertypen enthalten (die betreffenden Thermogramme enthalten zwei endotherme Schmelzpeaks), werden die P-Werte nach der Blockzahl und -länge darin bestimmt. Bei den Mischungsprodukten, die nur einen Blockcopolymertyp enthalten, werden die P-Werte einzig durch die Blocklänge im Blockcopolymeren charakterisiert.

Mit Erhöhung des Wechselwirkungaustauschgrades sinkt der P-Wert schnell ab, und dies macht ihn für die Untersuchung der Kinetik der Austauschprozesse besonders geeignet. So sind z. B. aus Tabelle 2 die schneller vorgehenden Veränderungen im Blockcopolymeren, das überwiegend Polycaproamidblöcke enthält, in den ersten 10 h der thermischen Behandlung bei 270°C des Mischungsprodukts PCA/PÄT wahrzunehmen (beim Ausgangsverhältnis der rel. Molekülmassen von 0,5 : 0,5). Wie bereits gesagt, ist dies auf die größere Reaktionsfähigkeit der freien Aminoendgruppen von PCA bei den Austauschreaktionen zurückzuführen.

Schlußfolgerung

Es wurde das thermographische Bild des Wechselwirkungsaustausches bei thermischer Behandlung von Mischungsprodukten aus PCA/PÄT und PCA/PHMAA diskutiert.

1. Die Mischungsprodukte aus PCA/PÄT (Verhältnis der rel. Molekülmassen 0,5 : 0,5) zeigen bei kleiner Dauer der thermischen Behandlung neben den Schmelzpeaks der beiden Blockcopolymeren auch zusätzliche endotherme Peaks, die sich wahrscheinlich auf die Schmelzprozesse der nichtreagierten Ausgangshomopolymeren beziehen.
2. Unter den von uns angewandten Bedingungen für die thermische Aufarbeitung der Mischungsprodukte aus PCA/PÄT (0,5 : 0,5) vollzieht sich der Austausch in den ersten 10 h hauptsächlich auf Kosten der Aminolyse der Esterbindungen. Für die gleiche Zeit vermindert sich der Gehalt an freien Aminoendgruppen fast bis auf Null.
3. Bei Erhöhung des Anteils des Polyesterblocks im Polyesteramid, der überwiegend Polycaproamidblöcke enthält, erwirbt letzteres die Fähigkeit zur kalten Kristallisation. Auf dem Thermogramm erscheint nach 5 h Wechselwirkungsaustausch bei 270°C ein zweiter exothermer Peak im Intervall 150 bis 170°C.
4. Als allgemeines Kennzeichen für die Charakterisierung der Mischungsprodukte und der Blockcopolymeren, die auf Basis von thermoplastischen heterokettigen Polymeren (Polyamide, Polyester) erhalten wurden, wird der Parameter P aus der Gleichung von *Flory* für die Erniedrigung der Schmelztemperatur der Copolymeren vorgeschlagen, der gegenüber den kleinen Schmelztemperaturänderungen besonders empfindlich ist und bei sonst gleichen anderen Bedingungen die Blocklänge im Blockcopolymeren charakterisiert.

Literatur

[1] *Michailov, N. V., Smirnova, V. N.*, und *Nessonova, G. D.*: Über neue Wege der struktur-chemischen Modifizierung von Chemiefaserstoffen. Chim. Volokna (Chem. Fasern) (1970) 4, S. 2–7; dt. in: Sowj. Beitr. Faserforsch. u. Textiltechnik **7** (1970) 12, S. 624–631.

[2] *Koršak, V. V.*, und *Frunse, T. M.*: Über die Austauschreaktionen zwischen den Makromolekülen der Polyamide. Dokl. Akad. Nauk SSSR (Ber. Akad. Wiss. UdSSR) **97** (1954) 4, S. 675–678.

[3] *Koršak, V. V., Frunse, T. M.*, und *Lu I-nan*: Aus dem Gebiete der Heteroketten-Polyamide XXVII. Herstellung von Mischpolyamiden aus Homopolyamiden. XXX. Über die Herstellung von Mischpolyamiden beim Schmelzen von Homopolymeren mit Salzen. Vysokomol. Soed. (Hochmol. Verbind.) **2** (1960) 7, S. 984–988; **3** (1961) 5, S. 665–670.

[4] *Koršak, V. V., Frunse, T. M.*, und *Matveev, N. P.*: Errungenschaften der Chemie der synthetischen heterokettigen Polyamiden Usp. Chimii (Fortschr. d. Chemie) **25** (1956) 4, S. 419–485.

[5] *Bernadskaja, J. E.*, und *Kudrjavcev, G. I.*: Über die Eigenschaften der Schmelzen aus Mischungen von Kapron- und Anidharzen. Obmen techn. opt. Iskustvennoe Volokno (Erfahrungsaustausch. Kunstfasern) **3** (1952) S. 88–92.

[6] *Koršak, V. V.*, und *Frunse, T. M.*: Über hochmolekulare Verbindungen. 76. Mitt.: Über die Rolle der Austauschreaktionen bei der Polyamidbildung. Izv. Akad. Nauk SSSR, Otd. chim. Nauk (1955) S. 563 bis 566.

[7] *Michajlov, V. V.*, und *Klesman, B. O.*: Über die Frage der Struktur von Copolyamiden. Kolloid Ž. Moskva **18** (1956) S. 456–460.

[8] *Frunse, T. M., Koršak, V. V.*, und *Makarkin, V. A.*: Aus dem Gebiet der Polyamide mit Heteroketten. XVIII. Herstellung von Mischpolyamiden mittels Schmelzen von Homopolyamiden. Vysokomol. Soed. (Hochmol. Verbind. **1** (1959) 4, S. 500–505.

[9] *Ayers, C. W.*: Equilibration in molten polyamide mixtures. J. appl. Chem. (1954) 4, S. 500–504.

[10] *Allen, S. J.*: Faserarchitektur, besonders im Hinblick auf die molekulare Konstitution. J. Textile Inst. **44** (1953) 6, S. P286–P291; nach: Koršak, V. V., und Frunse, T. M.: Synthetische heterokettige Polyamide. Dokl. Akad. Nauk SSSR (Ber. Akad. Wiss. UdSSR) (1962) S. 218–219.

[11] *Koršak, V. V.*: Über die Sonderheiten der nicht gleichgewichtsmäßigen Polykondensationen. Usp. Chimii (Fortschr. d. Chemie) **35** (1966) S. 1030–1046.

[12] *Koršak, V. V., Vinogradova, S. V.*, und *Tepljakov, M. M.*: Wechselwirkung zwischen Polyester und Polyamid beim Schmelzen. Dokl. Akad. Nauk SSSR (Ber. Akad. Wiss. UdSSR) **147** (1962) S. 1365–1368.

[13] *Koršak, V. V., Vinogradova, S. V.*, und *Tepljakov, M. M.*: Über die Austauschumsetzung von Polyarylaten mit Polyamiden in hochsiedenden Lösungsmitteln. Vysokomol. Soed. (Hochmol. Verbind.) **7** (1965) 8, S. 1406–1409.

[14] *Koršak, V. V., Vinogradova, S. V., Tepljakov, M. M.*, und *Maksimov, A. D.*: Über die Polyamidester, synthetisiert mittels zwischenkettigen Wechselwirkungen von Polymeren. Izv. vysšich uč. Zav. Chimia chim. Technol. (Hochschulnachr. Chemie chem. Technol.) (1967) 6, S. 688–692.

[15] *Tepljakov, M. M., Koršak, V. V.*, und *Vinogradova, S. V.*: Untersuchung der Austauschreaktionen zwischen Polyamiden und Polyarylaten. Izv. Akad. Nauk SSSR, Srija chim. (Nachr. Akad. Wiss. UdSSR. Chemie) (1964) 2, S. 334–340.

[16] *Champetier, G.*: Copolymerisation et copolykondensation. Chimie et Ind. **88** (1962) 6, S. 599–606.

[17] *Cholla, G.*: The formation of polyethylene terephthalate by ester interchange. I. The polycondensation equilibrium. II. The kinetics of reversible meltpolycondensation. III. The kinetics of the redistribution reactions. Makromol. Chemie **38** (1960) 1, S. 105–122, 123–137, 138–146.

[18] *Bruno, J.:* Chimie macromoléculaire-Formation de copolymères séquences par réaction en solution entre un Polyester et un Polyamide. C. R. Acad. Sci. **268** (1969) 4, S. 319—322.
[19] *Koreckaja, A. J., Kudrjavcev, G. I.,* und *Konkin, A. A.:* Über den Mechanismus der Copolykondensation von ε-Aminönanthsäure mit linearen Oligomeren des Polyäthylenterephthalats. Vysokomol. Soed. (Hochmol· Verbind.) **9** (1967) 5, S. 1157—1162.
[20] *Dietrich, K.,* und *Tolsdorf, S.:* Verbundwerkstoff-Fäden aus Schmelzedispersionen organischer Hochpolymerer. Faserforsch. u. Textiltechnik **21** (1970) 7, S. 295—304.
[21] *Flory, P. J.:* Theory of cristallisation in copolymers Trans. Fardadey Soc. **51** (1953) 6, S. 848—857.
[22] *Flory, P. J.:* Principles of polymers chemistry. Ithaka, N. J.: Cornell. Univ. Press 1953, S. 568—569.
[23] *Masakazu, I.:* Studies on crystalisation of high polymers by differential thermal analysis. J. Polymers Sci., Part A-1 (1963) 8, S. 2697—2709.
[24] *Rybnikar, F.:* Tani poly-6-caproamidu apolyethylentereftalatu. Chem. Listy, Praha (Chem. Bl.) **52** (1958) 6, S. 1042—1048.

Eingegangen am 24. August 1972.

Der Einfluß von Fadenfeinheit und Nähfadenzugkraft auf die Berst- und Scheuerfestigkeit von Nähgewirken aus Baumwollfäden[1])

Harald Perner und Kailash Chandra Jain

Technische Universität Dresden, Sektion Verarbeitungs- und Verfahrenstechnik, Bereich Textiltechnik

DK 677.661 :677.21.061.1 :677.21.062.2 :677.017.272.2 :677.017.4 :677.017.82

Die nachstehend erläuterten Ergebnisse lassen innerhalb des untersuchten Bereiches den Schluß zu, daß Nähgewirke aus Baumwollfäden gleicher Feinheit mit gleicher Flächenmasse gegenüber vergleichbaren Geweben eine geringere Berstfestigkeit, nähfadenseitig aber einen größeren Scheuerwiderstand erreichen.

Влияние толщины и натяжения прошивной нити на прочность прошивно- вязальных материалов из хлопчатобумажных нитей при лопании и устойчивость к истиранию

Приведенные в статье результаты позволяют сделать вывод, что в исследованной области прошивно-вязальные материалы из хлопчатобумажных нитей одинаковой толщины при одинаковом весе на м², по сравнению со сравнимыми тканями, обладают пониженной прочностью при лопании, но повышенной устойчивостью прошивных нитей к истиранию.

The Effect of Thread Fineness on the Sewing Thread Tension and the Bursting Strength an Abrasion Resistance of Cotton Sewed Knit Fabrics

The results presented allow the conclusion that within the range investigated sewed knit fabrics from cotton threads with equeal fineness show, if compared with other fabrics having equeal area weight, lower bursting strength but, at the surface exposing the sewing threads, higher abrasion resistance.

1. *Einleitung*

Nachdem bereits Untersuchungsergebnisse über den Vergleich von Nähgewirken und Geweben [1] sowie über den Einfluß der Fadenfeinheit [2] und der Nähfadenzugkraft [3] auf die Festigkeitseigenschaften von Nähgewirken dargelegt worden sind, soll im folgenden der Zusammenhang von Fadenfeinheit und Nähfadenzugkraft mit der Berst- und Scheuerfestigkeit von Nähgewirken aus Baumwollfäden behandelt werden.

2. *Versuchsmuster*

Den Untersuchungen wurden die gleichen Versuchsmuster wie in der vorangegangenen Arbeit [3] zugrundegelegt. Aus Baumwollfäden wurden drei Nähgewirke hergestellt, wobei alle Fadensysteme die gleiche Feinheit besaßen: 14 tex × 2; 20 tex × 2; 30 tex × 2.

In allen drei Feinheiten wurde je ein Nähgewirke mit extrem niedriger, mit normaler und mit extrem hoher Nähfadenzugkraft hergestellt. Die Proben entstanden auf einer Nähwirkmaschine, Typ Malimo 500, mit 14er Teilung und 2,3 mm Stichlänge. Dazu wurden Vergleichsgewebe mit gleicher Flächenmasse auf einem Spulenschützen-Webautomat, Modell 4200, von Textima, in der Bindung $P\frac{2}{2}$ hergestellt, die die gleiche Fadenmenge enthalten wie die Nähgewirke.

3. *Berstfestigkeit*

Die Prüfungen erfolgten an einem Berstdruckprüfgerät BPS mit 50 cm² Probengröße im Meßbereich von 0 bis 10 kp/cm². Aus Tabelle 1 ist zu erkennen, daß die in weiten Grenzen variierte Nähfadenzugkraft auf die drei charakteristischen Kenngrößen des Berstversuches — Berstdruck, Wölbvolumen und Berstarbeit — keinen gesetzmäßigen Einfluß hat. Daraus ist abzuleiten, daß die Berstfestigkeit der untersuchten Nähgewirke, wie auch deren Festigkeit des Zugversuches [3], invariant ist bei großen Veränderungen der Nähfadenzugkraft. Das führt zu den gleichen Schlußfolgerungen, die bereits bei der Behandlung der Ergebnisse des Zugversuches dargelegt worden sind [3]. Auch die Lage des Nähgewirkes während des Berstversuches (Nähfadenseite oder Längsfadenseite zur Membran) hatte keinen erkennbaren Einfluß auf die genannten Kennwerte.

Der Einfluß der Fadenfeinheit auf die betreffenden Kennwerte ist, analog dem Zugversuch, erheblich.

Beim größten Teil der Versuche trat Querfadenbruch ein. Diese Schädigung ist äußerlich nicht leicht erkennbar, Bild 1, weil die Querfäden von beiden Seiten bedeckt sind. Nach dem Berstversuch ist das Flächen-

[1]) Auszug aus der Dissertation von Dr.-Ing. K. C. Jain, Technische Universität Dresden. Außer dem erstgenannten Verfasser war weiterer Gutachter der Arbeit Prof. Dr.-Ing. habil. *W. Bobeth.*

Tabelle 1. Berstdruck, Wölbvolumen und Berstarbeit der Nähgewirke

Zwirnfeinheit	Nähfaden-zugkraft	Berstdruck		Wölbvolumen		Berstarbeit
		kp/cm²	v %	cm³	v %	kpcm
14 tex × 2	minimal	1,59 ± 0,07	6,2	52,10 ± 0,71	1,9	14,4
	normal	1,59 ± 0,05	4,9	52,50 ± 0,84	2,2	16,0
	maximal	1,68 ± 0,03	3,2	53,40 ± 1,22	3,2	16,0
20 tex × 2	minimal	1,85 ± 0,06	4,6	50,00 ± 1,78	5,0	20,8
	normal	1,94 ± 0,07	5,3	47,40 ± 1,62	4,8	17,6
	maximal	1,96 ± 0,10	7,4	52,90 ± 1,03	2,7	19,2
30 tex × 2	minimal	2,68 ± 0,13	7,1	59,90 ± 1,43	3,3	45,1
	normal	2,57 ± 0,10	5,3	61,35 ± 1,72	3,9	41,9
	maximal	3,17 ± 0,09	4,0	60,15 ± 1,58	3,7	41,6

gebilde aber nicht mehr verwendbar. Der Querfadenbruch beim Berstversuch ist auf die geringe Dehnung des Querfadensystems zurückzuführen. Längsfadenbrüche waren nur vereinzelt zu beobachten.

Aus Tabelle 2 ist zu entnehmen, daß das Vergleichsgewebe im Berstversuch bessere Werte erreicht. Die durch die Fadenverkreuzung im Webprozeß erzielte höhere Verfestigung des Flächengebildes prägt sich also nicht nur im Zugversuch, sondern auch im Berstversuch deutlich aus.

Beim Gewebe erfolgt das Bersten durch Reißen der Schußfäden. Dadurch entsteht ein Riß in Kettfadenrichtung, Bild 2. In Bild 3 sind die Berstdrücke von Nähgewirke und Vergleichsgewebe noch einmal übersichtlich zusammengestellt worden.

Bild 1. Nähgewirke nach dem Berstversuch (20 tex × 2)

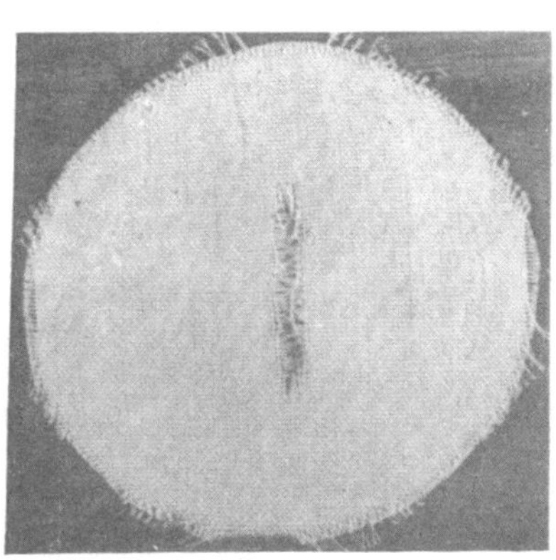

Bild 2. Vergleichsgewebe nach dem Berstversuch (14 tex × 2)

Tabelle 2. Berstfestigkeitswerte von Nähgewirke und Vergleichsgewebe

Zwirn-feinheit	Flächen-gebilde	Berst-druck kp/cm²	Wölb-volu-men cm³	Berst-arbeit kpcm
14 tex x 2	Nähgewirke	1,59	52,50	16,0
	Vergleichs-gewebe	2,18	56,10	19,2
20 tex x 2	Nähgewirke	1,94	47,40	17,6
	Vergleichs-gewebe	2,89	54,05	28,8
30 tex x 2	Nähgewirke	2,57	61,35	41,9
	Vergleichs-gewebe	4,66	57,65	49,6

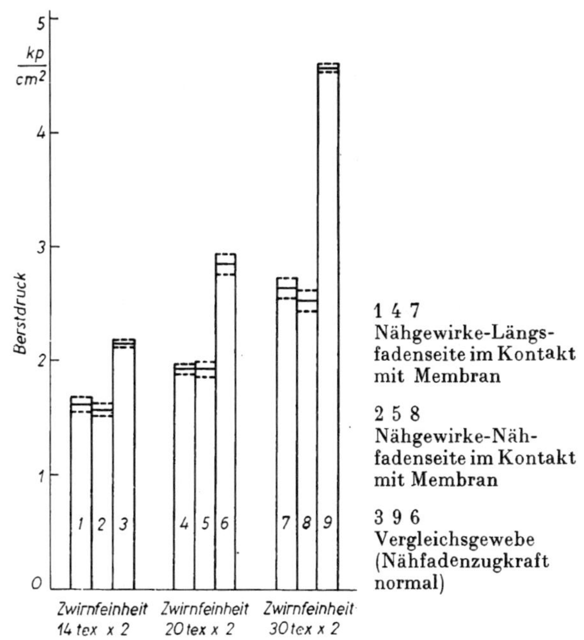

Bild 3. Berstfestigkeit von Nähgewirke und Vergleichsgewebe

Bild 4. Scheuerproben Nähgewirke
Links: Nähfadenseite; Rechts: Längsfadenseite (14 tex × 2)

Bild 5. Scheuerproben Nähgewirke
Links: Nähfadenseite; Rechts: Längsfadenseite (20 tex × 2)

Bild 6. Scheuerproben Nähgewirke
Links: Nähfadenseite; Rechts: Längsfadenseite (30 tex × 2)

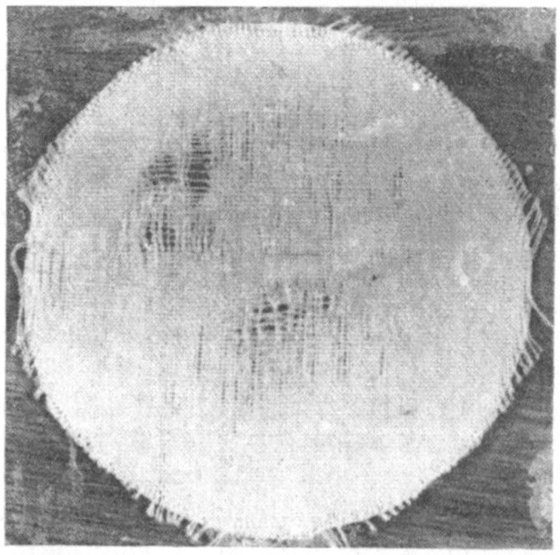

Bild.7. Scheuerprobe Vergleichsgewebe (14 tex × 2)

4. *Scheuerfestigkeit*

Infolge der geringen Schiebefestigkeit des Nähgewirkes wurde ein Rundscheuerprüfgerät benutzt [1]. Als Kriterium diente der Masse- und der Berstfestigkeitsverlust.

Die Einspannhöhe war 5 mm, die Vorspannung 500 p. Es wurde jeweils mit 50 Umdrehungen nach links und mit 50 Umdrehungen nach rechts gescheuert. Als Scheuermittel fand Schmirgelpapier 500 — F 28 Verwendung.

Da die Struktur der beiden Seiten des Nähgewirkes unterschiedlich ist, wurde die Scheuerfestigkeit der Längs- und der Nähfadenseite ermittelt.

Es war festzustellen, daß beim Scheuern der Längsfadenseite die Längsfäden und die Nähfäden gescheuert wurden, weil sie sich an der Oberfläche befinden. Bei der Zwirnfeinheit 14 tex × 2 waren die Nähgewirkeproben nach 100 Drehungen zerstört, Bild 4, rechts. Es hatten sich Löcher gebildet und die Querfäden waren größtenteils ebenfalls zerscheuert. Bei 20 tex × 2 trat eine Lochbildung nur noch selten ein. Vorzugsweise waren hier nur die Längs- und die Nähfäden geschädigt, Bild 5, rechts. Bei 30 tex × 2 war nur noch eine Fadenschädigung zu erkennen, Bild 6, rechts.

Beim Scheuern der Nähfadenseite werden fast nur die Nähfäden angegriffen. Bei der Zwirnfeinheit 14 tex × 2 waren in einigen Fällen allerdings auch die Querfäden geschädigt, bei den Feinheiten 20 tex × 2 und 30 tex × 2 trat nur eine Schädigung der Nähfäden ein, Bild 4 bis 6, links.

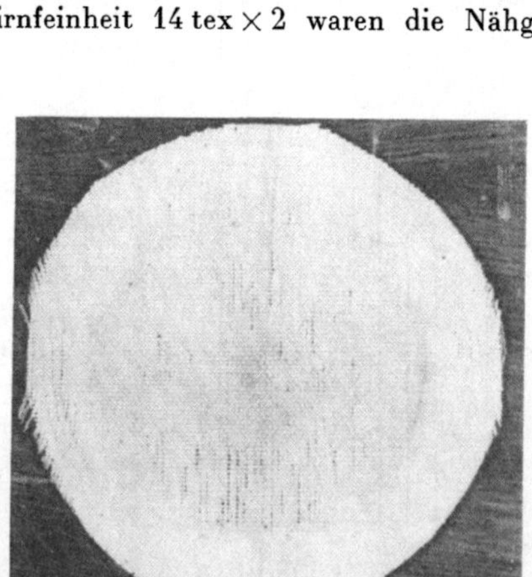

Bild 8. Scheuerprobe Vergleichsgewebe (20 tex × 2)

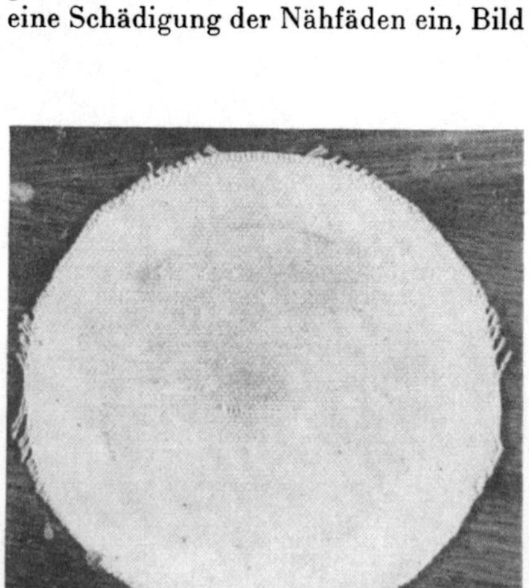

Bild 9. Scheuerprobe Vergleichsgewebe (30 tex × 2)

Tabelle 3. Scheuerwerte von Nähgewirke und Vergleichsgewebe

Zwirnfeinheit	Flächengebilde	Gescheuerte Seite	Masse			Berstfestigkeit								
			Drehungen		Verlust %	Berstdruck kp/cm²			Wölbvolumen cm³			Berstarbeit kpcm		
						Drehungen		Verlust %	Drehungen		Verlust %	Drehungen		Verlust %
			0	100		0	100		0	100		0	100	
14 tex × 2	Nähgewirke	Längsfadenseite	1,430	1,330	7,00	1,62	0,79	51,23	51,60	49,80	3,49	16,00	5,76	64,00
		Nähfadenseite	1,413	1,306	7,57	1,59	1,26	14,47	52,50	51,50	1,90	16,00	11,68	27,00
	Vergleichsgewebe	—	1,521	1,423	6,44	2,18	1,09	50,00	56,10	47,30	15,69	19,20	6,40	66,67
20 tex × 2	Nähgewirke	Längsfadenseite	2,015	1,942	3,57	1,94	1,51	22,17	48,80	48,30	1,02	20,80	15,52	25,39
		Nähfadenseite	2,029	1,936	4,58	1,94	1,75	9,79	47,40	47,90	−0,50	17,60	17,12	2,72
	Vergleichsgewebe	—	2,106	2,080	1,19	2,89	2,27	21,45	54,05	51,90	2,15	28,80	24,00	16,67
30 tex × 2	Nähgewirke	Längsfadenseite	3,119	3,057	1,99	2,70	2,44	9,63	59,10	54,80	7,27	38,20	43,20	−11,57
		Nähfadenseite	3,149	3,067	2,60	2,57	2,36	8,17	61,35	56,20	8,39	41,92	41,60	0,76
	Vergleichsgewebe	—	3,303	3,286	0,54	4,66	3,92	15,89	57,65	54,60	5,27	49,60	44,80	9,68

Eine Abhängigkeit des Masse- und des Berstfestigkeitsverlustes von der Nähfadenzugkraft konnte nicht gefunden werden. Deshalb ist die Aussage berechtigt, daß für die untersuchten Nähgewirke auch die Kennwerte für das Scheuerverhalten unabhängig von der Nähfadenzugkraft während der Herstellung sind.

Das Vergleichsgewebe war gleichseitig. Deshalb wurde nur eine Seite gescheuert. Bei der Zwirnfeinheit 14 tex × 2 traten nach 100 Umdrehungen in allen Proben Löcher auf, Bild 7. Bei der Feinheit 20 tex × 2 waren die Proben ebenfalls stark geschädigt, meist bis zur beginnenden Lochbildung, Bild 8. Dagegen trat bei 30 tex × 2 nur eine geringe Schädigung ein. Das Gewebebild blieb noch recht gut erhalten, Bild 9.

Tabelle 3 gibt eine Übersicht über das Verhalten von Nähgewirken und Vergleichsgeweben beim Scheuerversuch. Bei der Zwirnfeinheit 14 tex × 2 ist der Masseverlust beim Nähgewirke und beim Vergleichsgewebe fast der gleiche. Mit zunehmender Zwirnstärke fällt der Masseverlust beim Nähgewirke und Vergleichsgewebe ab, wobei das Gewebe den geringeren Masseverlust, d. h. den größeren Scheuerwiderstand aufweist. Die beiden Seiten des Nähgewirkes verhalten sich deutlich unterschiedlich.

Der Berstdruckverlust von längsfadenseitig gescheuertem Nähgewirke und dem Vergleichsgewebe ist mit Ausnahme der Feinheit 30 tex × 2 nahezu gleich. Bei 30 tex × 2 sind die Werte des Nähgewirkes günstiger. Auffallend ist der geringe Berstfestigkeitsverlust von nähfadenseitig gescheuertem Nähgewirke. Diese Werte liegen weit unter denen der längsfadenseitig gescheuerten Proben und denen der Vergleichsgewebe. Daraus ist zu folgern, daß das Nähgewirke nähfadenseitig einen weit höheren Scheuerwiderstand besitzt als das Vergleichsgewebe. Die Nähfadenseite setzt dem Scheuermittel eine relativ geschlossene Fläche entgegen. Dadurch wird wegen der dadurch geschützten Längs- und Querfäden einer Festigkeitsminderung länger Widerstand geleistet als beim Gewebe.

Literatur

[1] *Perner, H.*, und *Mikut, I.*: Vergleichende Untersuchung von Nähgewirken und Geweben. Dt. Textiltechnik **18** (1968) S. 623–629.

[2] *Perner, H.*, *Raue, P.*, und *Fietz, S.*: Der Einfluß der Fadenfeinheit auf die textilphysikalischen Eigenschaften von Nähgewirken. Dt. Textiltechnik **19** (1969) S. 745 bis 749.

[3] *Perner, H.*, und *Jain, K. C.*: Der Einfluß von Fadenfeinheit und Nähfadenzugkraft auf die Festigkeit von Nähgewirken aus Baumwollfäden. Faserforsch. u. Textiltechnik **23** (1972) 12, S. 501–506.

Eingegangen am 4. Oktober 1972.

Zur Terminologie der Faserstoff-Bezeichnungen [1])

DK 001.4:389.6:677.1/.5

Von der Unitex, der italienischen Vereinigung für Standardisierung auf dem textilen Fachgebiet, ist die Standardempfehlung „Textile Faserstoffe, Einteilung nach Arten, mit Bezeichnungen, Definitionen und Konstitution" herausgegeben worden. Die Empfehlung beruht auf wissenschaftlichen, technischen und philologischen Grundsätzen und befindet sich in Übereinstimmung mit den Richtlinien der ISO, insbesondere der ISO-Empfehlung R 704; hinsichtlich der Termini für Chemiefasern richtet man sich noch nach den Arbeiten der Arbeitsgruppe ISO/TC 38/GT 7, auch einige neue Terminologie-Vorschläge wurden gemacht. Nach einer ziemlich langen Bearbeitungszeit (begonnen im März 1963 und abgeschlossen im März 1971) wurde die Standardempfehlung nunmehr der Öffentlichkeit vorgelegt.

Die Standardempfehlung in italienischer, englischer und französischer Sprache besteht aus drei Teilen

1. Geltungsbereich des Standards,
2. Einteilung nach Faserstoffarten,
3. Begriffe, Begriffsbestimmung, Konstitution der Faserstoffe.

Zur Ergänzung dieser drei Teile werden noch eine alphabetisch geordnete Übersicht der Faserstoff-Bezeichnungen mit Ordnungsziffer (aus Teil 2) und eine Zusammenstellung von neuen Termini in der Gruppe der Chemiefasern gebracht.

Der Anwendungsbereich des Standards (1. Teil) umfaßt die Einteilung der hauptsächlichsten textilen Faserstoffe nach Herkunft und Aufbau, die Standardisierung der Termini und ihre Begriffsbestimmung.

Im 2. Teil werden die textilen Faserstoffe nach ihrer Herkunft in einer neuartigen, im Prinzip aber doch recht übersichtlichen Weise eingeteilt.

Neu vorgeschlagen wird anstelle der Bezeichnung „Chemiefasern" die Bezeichnung „Technofasern", wobei unter „Fasern" in unserem Sinn „Faserstoffe" verstanden werden. Man meint, die Bezeichnung „Chemiefasern" unterscheidet von den „Naturfasern" deshalb nicht, weil alle Textilfasern „chemischen" Ursprungs oder chemisch nach ihrer Herstellung sind, die Baumwolle z. B. phytochemisch, die Wolle zoologisch, die Viskose- oder Polyamidfasern „techno"-chemisch. Am anschaulichsten werden zur Unterscheidung von den Naturfasern die Chemiefasern im Englischen als „man-made fibres", als „von Menschenhand geschaffene Fasern" bezeichnet. Da sich dieser englische Ausdruck aber nicht idiomatisch in den anderen europäischen Sprachen wiedergeben läßt, hat man nach einem neuen, allgemein geeigneten Begriff gesucht und schlägt zur Bezeichnung der „man-made fibres" den Ausdruck „Technofibres" bzw. „Technofasern" vor, während im Englischen offensichtlich beide Bezeichnungen gelten sollen, wie in der englischen Fassung der Empfehlung zum Ausdruck kommt.

Abgesehen von philologischen Gründen hat der Vorschlag einiges für sich und wäre es wert, ernsthaft diskutiert zu werden. Heute gibt es immer noch auch bei dem Begriff „Chemiefasern" in den einzelnen Sprachen Unklarheiten bzw. unterschiedliche Anwendungen; z. B. wird in den romanischen Sprachen sehr oft von „künstlichen und synthetischen Fasern gesprochen, im Französischen z. B. neben „fibres chimiques" auch von „fibres artificielles et synthetiques", ebenso im Italienischen und Spanischen. Zu den Chemiefasern zählen aber auch die anorganischer Herkunft die mit diesen Bezeichnungen nicht mit erfaßt werden. Warum sollte man also nicht allgemein von „Technofaserstoffen" sprechen?

[1]) Gleichzeitig Besprechung der Schrift: Manuale Unitex No. 1 „Fibre Tessile", Einteilung nach Arten, Begriffe und Begriffsbestimmungen, Aufbau. Milano: Unitex Associazione nazionale per l'unificazione nel settore tessile. 1971. 63 S. brosch. Lit. 2000,—.

Die Naturfaserstoffe werden in der üblichen Weise eingeteilt nach tierischer, pflanzlicher und mineralischer Herkunft. Da nur die hauptsächlichen genannt werden sollen, wie im 1. Teil festgestellt, ist nicht einzusehen, warum neben 1.1.1.1 Naturseide (silk, soie) 1.1.1.2 Naturwildseide (wild silk, soie sauvage) in der Gliederung auf eine gleiche Ebene gesetzt werden; das trifft gleicherweise zu für 1.1.2.1 Wolle, 1.1.2.2 Haare, 1.1.2.3 Pferdehaar. Sowohl die Naturwildseide als auch das Pferdehaar sind nicht zu den hauptsächlichen textilen Faserstoffen zu rechnen. In den Fußnoten zu einzelnen Bezeichnungen sollten in den englischen bzw. französischen Teilen nicht die italienischen, sondern die entsprechenden englischen und französischen Bezeichnungen verwendet werden, also z. B. bei abaca das englische „manila", nicht das italienische „manilla" usw.

Bei der Einteilung der Chemiefaserstoffe unterscheidet man nach den zwei großen Gruppen 2.1 „organische Faserstoffe" und 2.2 „anorganische Faserstoffe". Die organischen unterteilt man weiter nach solchen 2.1.1 „aus natürlichen Polymeren", 2.1.2 „aus synthetischen Polymeren", und 2.1.3 „aus Papier". Die 2.2 anorganischen Faserstoffe werden weiter unterteilt in 2.2.1 „aus synthetischen Polymeren' und 2.2.2 „aus Metall". Die uns vertraute Unterteilung der Synthesefaserstoffe nach Polykondensations-, Polymerisations- und Polyadditionsprodukten wird nicht verwendet, weil die Herstellungsverfahren nicht immer eindeutig einer dieser Gruppen zuzuordnen sind. Das ist richtig, auch spielen diese Gruppen für die Verarbeitung keine Rolle, man kann darauf verzichten und hat den Vorteil, von der horizontalen nach der vertikalen Orientierung der Gliederungsprinzipien zu kommen.

Nicht einzusehen ist die Einteilung der Chemiefasern organischen Ursprungs in eine dritte Untergruppe 2.1.3 „Papier" und 2.1.3.1 „Textilpapier". Zweifellos besteht Papier aus natürlichen Polymeren, dem Zellstoff. oder das „Synthesepapier" aus synthetischen Polymeren. Als textiler Faserstoff spielt aber der Papierfaden im Vergleich zu den anderen Faserstoffarten eine so unbedeutende Rolle, daß es nicht gerechtfertigt erscheint, eine den Synthesefasern gliederungsmäßig gleichwertige Gruppe zu bilden. Vielmehr sollte man es dabei belassen, den Papierfaden der Untergruppe „Zellstoff" in der Gruppe „Chemiefasern aus natürlichen Polymeren" zuzuordnen.

Ebensowenig einverstanden kann man sein mit der Einteilung der Metallfaserstoffe, nämlich

2.2 anorganische (Faserstoffe)
2.2.1 aus synthetischen Polymeren
2.2.1.1 aus Textilglas
2.2.1.2 aus Kohlenstoff
2.2.2 aus Metall
2.2.2.1 aus metallischen
2.2.2.2 aus metallisierten

Metallfaserstoffe bestehen aus Nichtpolymeren und sollten, analog 1.3 „(natürliche) Mineralfasern" in einer eigenen Gruppe erfaßt werden, also

2.1 organische
2.2 anorganische
2.3 nichtpolymere bzw. metallische (Faserstoffe)
2.3.1 Metall
2.3.2 metallisierte (Faserstoffe)

Die 2.3.2 metallisierten Faserstoffe können verschiedenartige Trägersubstanzen haben, das Metall kann auf der Oberfläche aufgedampft oder in die Trägermasse eingelagert sein, z. B. Metalian der Teijin Co. Ltd. Für die Zuordnung sollte das Verhalten als Metallfaserstoff, nicht die Art des Trägermaterials maßgebend sein, ein Grundsatz, der auch für die Zuordnung der C-Faserstoffe (Kohlenstoff-Faserstoffe) gelten sollte, gleich, ob die C-Faserstoffe aus Pech-Petroleumasphalt Viskose- oder Polyacrylnitril-Faserstoffen hergestellt werden.

In der Gruppe „aus natürlichen Polymeren" sind folgende Untergruppen vorgesehen

2.1.1 aus natürlichen Polymeren
2.1.1.1 Cupro
2.1.1.2 Viskose
2.1.1.3 Modal
2.1.1.4 Desacetyliertes Acetat
2.1.1.5 Acetat
2.1.1.6 Triacetat
2.1.1.7 Alginat
2.1.1.8 Gummi
2.1.1.9 Protein

Für 2.1.1.3 Modal eine eigene Gruppe vorzusehen, erscheint mit Hinsicht auf die spezifischen, von den Viskosefaserstoffen stark abweichenden Eigenschaften berechtigt, nicht aber die Untergruppe 2.1.1.4 Desacetyliertes Acetat, eine Faserstoffgattung, bekannter als „verseiftes Acetat", die praktisch keine Bedeutung hat und nicht zu den „hauptsächlichen" Arten zu zählen ist; nichts ist dagegen bei 2.1.1.7 Alginat und 2.1.1.9 Protein einzuwenden, bei Alginat, weil diese Art sehr spezielle Eigenschaften hat, und 2.1.1.9 Protein, obwohl nur noch Fasern aus tierischem Protein in geringem Umfang hergestellt werden.

Bei den Faserstoffen aus synthetischen Polymeren werden folgende neue, zum Teil schon in anderen Publikationen verwendete Begriffe gebracht:

2.1.2.2 Chlorofasern
2.1.3.2 Thanelast (aus Polyurethan und elastisch)
2.1.2.4 Fluorofaser
2.1.2.5 Synthesegummi
2.1.2.12 Polycarbamid
2.1.2.14 Trivinyl
2.1.2.15 Vinylal
2.1.2.16 Vinylester

2.1.2.2 Chlorofaser wird definiert mit „Faserstoff aus linearen Makromolekülen mit mehr als 50 Masse% Vinylchlorid oder Vinylidenchlorid." In dieser Gruppe werden also die nachchlorierten und nicht nachchlorierten PVC-Fasern, die PVD-Fasern (SARAN) und einige bisher in der Gruppe Modacrylfasern erfaßte Arten (z. B. DYNEL) erfaßt. Die Definition für Modacrylfasern weicht daher auch von der amerikanischen ab.

2.1.2.3 Thanelast. Dieser Begriff wird vorgeschlagen für Polyurethan-Elastomer bzw. für Elastomer und ist ein Unterbegriff von „Elastofaserstoffe". Die Gliederung und Begriffsformulierung für die verschiedenen hochelastischen Faserstoffe ist nicht glücklich. Es gibt heute mindestens drei Arten von hochelastischen Faserstoffen, d. h. von ihrer Substanz her elastischen, worunter man entsprechend einer Erläuterung für die „Elastofaserstoffe" solche verstanden wissen will, die nach einer Dehnung um mindestens das Dreifache ihrer Ausgangslänge auf ihre Ausgangslänge zurückkehren. Für diese drei Arten aber existiert schon eine Vielzahl von Bezeichnungen, mit denen eine Konkordanz herzustellen wäre, z. B. mit SPANDEX, schließlich wäre auch die amerikanische Gruppe der Anidexfaserstoffe mit einzubeziehen. Die Untergruppe 2.1.2.13 Polyurethanfaserstoffe sollte nicht mit gebracht werden, denn damit sind nicht die hochelastischen, sondern die Polyurethanfaserstoffe mit nichtsegmentierter Struktur gemeint, also z. B. das frühere PERLON U, heute DORLON genannte Polymer, das zur Herstellung von Borsten verwendet wird.

Unter 2.1.2.4 Fluorofaser werden die Synthesefaserstoffe aus fluorierten aliphatischen Kohlenwasserstoffen verstanden, also z. B. die Polychlortrifluoräthylen- und die Polytetrafluoräthylen-Faserstoffe wie Teflon, Fluorlan u. a.

Die 2.1.2.6 Modacrylfaserstoffe sind abweichend von der üblicherweise verwendeten amerikanischen Definition der F.T.C. definiert als „Faserstoffe aus linearen Makromolekülen mit mehr als 50 Masse%) (amerikanisch 35 Masse%), aber weniger als 85 Masse% sich wiederholender Acrylnitrileinheiten. Bekannter als 2.1.2.12 Polycarbamidfaserstoffe ist dafür die Bezeichnung Polyharnstoff-Faserstoffe.

Nicht mehr verwendet wird die Gruppe „Mischpolymerisatfaserstoffe", vielmehr hat man daraus neue Gruppen gebildet, u. a. die Gruppe „Trivinyl-Faserstoffe", definiert mit „Faserstoffe aus Terpolymeren, die aus Acrylnitril, Vinylchlorid und einer dritten Vinylverbindung bestehen, von denen keine Komponente mehr als 50 Masse% Anteil hat."

Unter 2.1.2.15 werden nur die durch Acetalisierung wasserunlöslich gemachten Polyvinylalkohol-Faserstoffe verstanden, man sollte auch die wasserlöslichen PVA-(Vinal-)F. als Gruppe bringen.

Als letzte neue Gruppe werden die 2.1.2.16 Vinylester-Faserstoffe gebracht, die evtl. zu den Chlorofaserstoffen zu zählen wären.

Diese Standard-Empfehlung gibt eine Fülle von Anregungen, die man ernsthaft diskutieren sollte. Der italienischen Standardisierungsvereinigung wird empfohlen, den Zusammenhang mit den schon sehr vielen neuen Begriffen zu den in den Empfehlungen gebrachten herzustellen; z. B. auf dem Gebiet der „Elastofaserstoffe"gibt es heute schon mindestens neun verschiedene Bezeichnungen, die miteinander und zu dem Sammelbegriff „Elastofaserstoffe" in Beziehung zu setzen wären.

Es wäre sehr zu wünschen, wenn die Standardisierungsspezialisten einheitliche, allgemein anerkannte, dem heutigen und möglichst auch künftigen technischen Stand entsprechenden Bezeichnungen sehr bald festlegen könnten.

Kurt Meyer
Forschungsinstitut für Textiltechnologie
Karl-Marx-Stadt

Eingegangen am 20. Oktober 1972

Neue Bücher

Erfindungs- und Patentwesen auf den Gebieten moderner Technologien. Von *Erich Zipse.* Weinheim/Bergstr.: Verlag Chemie 1971. IV, 182 S. Brosch. DM 34,—.

Dieses Buch hat sich zur Aufgabe gestellt, dem Leser einen leichtfaßlichen Überblick über das Gebiet des gewerblichen Rechtsschutzes unter Berücksichtigung der in der Zukunft sich weiter entwickelnden naturwissenschaftlichen Kenntnisse und Technologien zu geben. Daneben soll es dem naturwissenschaftlichen Fachmann und auch den Leitern in einfacher Weise die vielfältigen Möglichkeiten der Spielregeln auf dem Gebiet des gewerblichen Rechtsschutzes im In- und Ausland aufzeigen.

Auf 182 Seiten wird in gedrängter Form diese Aufgabe gelöst, wobei die Patentgestaltung auf den Gebieten der modernen Technologien der Physik, Chemie und Biologie im Mittelpunkt steht.

Behandelt werden insbesondere Probleme der Patentierung von Erfindungen aus der Atomkerntechnik, der modernen Biologie und Medizin, der Elektronik, Automation, Datenverarbeitung, Computertechnik. Weiterhin werden Patentmöglichkeiten in der Raumfahrtforschung und -technik untersucht.

Ein Abschnitt des Buches beschäftigt sich mit Problemen der Patentverletzung in der Forschung; ein weiterer Abschnitt behandelt die Ermittlung und Information über den Stand der Technik. Auch die internationale Entwicklung des Patentwesens wird kurz erwähnt; die Pläne zum EWG-Patent und zur PCT (Patent Cooperation Treaty) werden dargelegt.

Schließlich stellt der Verfasser einige Betrachtungen über die zukünftige Entwicklung des Patentwesens an, insbesondere im Hinblick auf die Erweiterung des Erfindungsbegriffs im Sinne der vorher behandelten modernen Technologien.

Im letzten Teil des Buches wird ein kurzer Überblick über die unterschiedlichen Patentgesetze einiger wichtiger Industriestaaten der Welt gegeben, so z. B. USA, Großbritannien, Frankreich, Sowjetunion und Japan.

Das Buch beantwortet in leichtverständlicher Form eine ganze Reihe von Fragen auf dem komplizierten Fachgebiet des Erfindungs- und Patentwesens und füllt mit der Behandlung der Problematik der Patentgestaltung auf den Gebieten moderner Technologien eine bislang bestehende Lücke aus. Für den Naturwissenschaftler dient es zur Anregung der Erfindertätigkeit, dem Fachmann auf diesem Gebiet vermittelt es wertvolle Anregungen für seine Arbeit. *R. Scholz*

Handbuch der Mikroskopie in der Technik. Hgg. von *Hugo Freund.* Band VI: Mikroskopie der Textilfasern und Textilien. Teil 1: Die Präparationsmethoden der Faserstoffe und ihre mikroskopischen Untersuchungsverfahren. Frankfurt am Main: Umschau-Verlag 1972. XXXVIII, 442 S. Lwd. DM 165,—.

Im Rahmen des achtbändigen Handbuchs der Mikroskopie in der Technik erschien nunmehr auch der Band VI, dessen erster Teil in 14 Kapiteln die Präparationsmethoden der Faserstoffe und ihre mikroskopischen Untersuchungsverfahren behandelt. Für den Textil- und Chemiefaser-Fachmann (und zwar nicht nur für den Prüfer, sondern für alle Fachleute der beiden genannten und angrenzenden Industriezweige) ist darüber hinaus nicht nur der Teil 2 des Bandes VI von Interesse. Die optischen Grundlagen sowie die Instrumente und Nebenapparate sind nämlich in den Teilen 1 (Durchlichtmikroskopie) und 2 (Auflichtmikroskopie) des Bandes I zusammenfassend für alle Spezialgebiete dargestellt worden.

Der Teil 1 des Bandes VI wurde dem Andenken des leider 1970 verstorbenen, an der Herausgabe mitwirkenden Dr.-Ing. *H. Reumuth* gewidmet. Ebenso wie in den anderen Bänden stammt auch hier das erste Kapitel aus der Feder des Herausgebers *H. Freund.* Es behandelt die ,,Geschichte der Mikroskopie der technisch verwendeten natürlichen und synthetischen Faserstoffe" und würdigt die Verdienste vieler Faserstoff-Mikroskopiker, z. B. die von *R. Hooke, J. v. Wiesner, F. v. Höhnel, A. Herzog, C. v. Nägeli, C. E. Cramer, T. F. Hanausek, F. Tobler, P. Krais, W. Schramek, R. Haller, P.-A. Koch, W. Bobeth, G. Satlow, E. Wagner, W. Kling, P. Kassenbeck, M. Stratmann, K. Heß, H. Dolmetsch, H. Reumuth, H. Doehner, C. Sustmann, K. v. Allwörden, J. M. Preston, J. J. Hardy, H. J. Manby, J. Wildman, J. L. Stoves, K. Ohara, W. v. Bergen, M. Leveau, H. Mahl, N. Gralén, J. Lindberg* und *M. Harris.* Auffällig ist, daß auch in den 56 Literaturzitaten nahezu nur Mikroskopiker aus dem deutschen, englischen und französischen Sprachgebiet erwähnt werden. Diese Beschränkung wird auch in allen folgenden Kapiteln deutlich, in denen nur selten Arbeiten anderssprachiger Autoren genannt werden.

Die folgenden drei Kapitel behandeln die Präparationsmethoden. Auf 48 Seiten beschreibt *F. Walter* zunächst ,,Die Mikrotomie der Textilfaser". Er geht dabei auf die Mikrotome (Hand-, Serienschnitt-, Schlitten-, Gefrier- und Ultra-Mikrotome), auf Probleme der Objektvorbereitung (Orientierung der Fasern im Block, Einbettungsmittel und damit gemachte Erfahrungen), auf Mikrotommesser (Metallmesser und ihre Schliffarten, Glasmesser und ihre Prüfung) sowie auf die Einbettungsmethoden für Quer- und Längsschnitte ein, gibt Hinweise für das Mikrotomschneiden und schließt mit 31 Literaturzitaten.

Der ,,Präparationstechnik an Einzelfasern, Gespinsten und Geweben" gilt das folgende, von *A. Neukirchner* und *Th. Neukirchner-Loske* bearbeitete Kapitel (46 Seiten, 28 Literaturstellen). Sie erläutern die von der Art und Aufmachung der Faserstoffe und Textilien abhängige Probenahme, die Vorbereitung des mikroskopischen Objektes, die Präpariertechnik, die Wahl des Bettungsmittels, die Bestimmung des Brechungsexponenten kleiner Flüssigkeitsmengen und die Herstellung von Dauerpräparaten sowie spezielle Präparier- und davon abhängige Beleuchtungstechniken (z. B. Faserspannvorrichtungen, Lichtleit-Kabel und -Glasstäbe, Kamin-Beleuchtungsmethode, kombinierte Beleuchtungsverfahren).

Im letzten Kapitel der Präparationsmethoden beschreibt *A. Neukirchner* auf 32 Seiten die ,,Abdruckmethoden für Textilien — speziell für lichtmikroskopische Untersuchungen". Dabei werden die Abdruck- und Halbeinbettungs-Methoden für Einzelfasern und für textile Halb- und Fertigerzeugnisse bis zu allen einzelnen Handgriffen durch Bilder und Skizzen belegt und die einzusetzenden Abguß- und Abformmassen behandelt (34 Literaturstellen).

Die in 10 Kapitel aufgegliederten ,,Mikroskopischen Methoden und Beleuchtungsarten" werden von *H. Reumuth* mit einem Kapitel über ,,Die Lupenmikroskopie" eingeleitet (13 Seiten, 9 Literaturhinweise), welches die subjektive Inaugenscheinnahme der Objekte, die Präparier-Lupen und -Mikroskope (insbesondere die Stereomikroskope) und die zugehörigen Hilfsgeräte umfaßt.

Das folgende Kapitel ,,Allgemeines und Spezielles zur Textilmikroskopie" stammt ebenfalls von *H. Reumuth.* Es ist mit 84 Seiten und 103 Literaturstellen das umfangreichste Kapitel des Teiles 1. Nach einer grundsätzlichen Diskussion der Möglichkeiten der mikroskopischen Prüfung und Strukturerfassung sowie der Sicherheit und Stichhaltigkeit mikroskopischer Faseruntersuchungen überhaupt folgen Ausführungen über die Technik der Beleuchtungen, die Wichtigkeit der Einbettungsmedien, die Auflösung, Objektfeldgrößen und Tiefenerfassung speziell an textilen Objekten, die Geräte und Methoden zur mikro- und makroskopischen Verfahrensforschung in der Textilchemie und Textilveredlung (dieser Abschnitt ist besonders ausführlich und enthält viele Erfahrungen des Verfassers), das Arbeiten mit dem umgekehrten Mikroskop sowie Sonderlösungen für die ,,befreite" Mikroskopie und die Mikroskopie von größeren Textilien.

,,Das Lanameter in der textilen Forschung und in der Textilindustrie" wird von *C. Sustmann* einschließlich der standardisierten Prüfmethoden auf 13 Seiten beschrieben (9 Literaturzitate).

Von *J. Grehn* stammt das Kapitel ,,Zur Polarisationsmikroskopie der natürlichen und künstlichen Fasern". Auf 10 Seiten (22 Literaturstellen) werden die Anisotropie und Doppelbrechung sowie die Mittel zu deren Untersuchung behandelt.

Derselbe Autor erläutert auch ,,Die Methoden der Fluoreszenzmikroskopie in der Textilfaser-Kunde", und zwar die Grundlagen der Fluoreszenz und ihre Anwendung auf Fasern (Primär- und Sekundärfluoreszenz sowie Fluoreszenz-

Polarisation). Dieses Kapitel ist als Literaturübersicht aufgebaut (9 Seiten, 35 Literaturzitate).

Sehr ausführlich ist „Die Heiz- und Kühltisch-Mikroskopie" von *F. Jörg* auf 42 Seiten behandelt worden. Er geht besonders auf die Einsatzbereiche mikro-thermischer Untersuchungen, die Präparationsmethoden, die Schmelzpunktbestimmung sowie die Geräte und Zubehörteile ein (95 Literaturhinweise).

Als ein weiteres Kapitel aus der Feder von *H. Reumuth* folgt „Die Mikroskopie unter strömenden Gasen, Dampf und Heißluft". Hier beschreibt er die Simulierung technischer Prozesse der Textilveredlung mit Hilfe von Durchströmungskammern und das erforderliche Zubehör auf 13 Seiten (7 Literaturzitate).

W. A. P. Luck bearbeitet das Kapitel „Mikromethoden für Diffusionsmessungen an Farbstoffen". Ausgehend von den Grundbegriffen und der Theorie der Diffusion erläutert er die experimentelle Untersuchung der Mikrodiffussion von Farbstoffen, die Auswertung der Diffusionskurven an Fäden, die Konzentrationsabhängigkeit der Diffussionskonstante und ihre Bestimmung aus den Aufziehkurven auf 44 Seiten (28 Literaturstellen).

Die „Elektronenmikroskopie in der Textilforschung" wird auf 30 Seiten von dem auch auf dem Textilgebiet bekannten Spezialisten *H. Mahl* behandelt. Er beschreibt die wichtigsten elektronenoptischen Abbildungsverfahren, die Präparationstechnik für die Durchstrahlungs-Elektronenmikroskopie und deren Anpassung für Faseruntersuchungen. Abschließend geht der Verfasser auf einige ausgewählte Ergebnisse an Faserstoffen sowie bei Faseranschmutzungen und Faserschädigungen ein und schließt mit 41 Literaturzitaten.

Der Teil 1 des Bandes VI enthält als letztes Kapitel eine von *H. Orth* stammende Beschreibung des relativ jungen Gebietes der „Raster-Elektronenmikroskopie in der Textilforschung". Das erst 1965 auf dem Markt erschienene Raster-Sekundärelektronen-Emmissionsmikroskop „Stereoscan", dessen Aufbau und Arbeitsweise der Autor erläutert, steigerte die Informationsmöglichkeiten mikroskopischer Methoden in der Faserstoff- und Textilforschung beträchtlich, wie auf 24 Seiten nachgewiesen wird. Die inzwischen schon breite Nutzanwendung zeigen auch die 38 Literaturzitate.

Mit einem Namens- sowie einem Sach- und Begriffsregister endet der Teil 1.

Es erübrigt sich fast, den Teil 1 des Bandes VI noch besonders zu empfehlen. Die einzelnen Kapitel sind nicht nur von den besten Kennern und Könnern ihres Faches geschrieben, auch der Druck und die Bilder sind von einer Qualität, wie sie dem Umschau-Verlag eigen ist. Die modern angelegte Übersicht ist aber nicht nur den Mikroskopikern der Faserforschung und Textiltechnik wärmstens ans Herz zu legen, auch der Nachwuchs für alle speziellen Teilgebiete, und nicht nur für die Textilprüfung, sollte auf dieses Werk hingewiesen werden. *F. Winkler*

Handbuch der Mikroskopie in der Technik. Hgg. von *Hugo Freund.* Band VI: Mikroskopie der Textilfasern und Textilien. Teil 2: Die Mikroskopie der einzelnen Fasergruppen. Frankfurt am Main: Umschau-Verlag 1972. XXXV, 400 S. Lwd. DM 150,—.

Während der vorstehend rezensierte Teil 1 nur von Autoren aus der Bundesrepublik Deutschland geschrieben wurde, wirken am vorliegenden Teil 2 auch Fachleute aus Österreich, der Schweiz und der Deutschen Demokratischen Republik mit. In 9 Kapiteln wird nicht nur die Mikroskopie der klassischen Naturfasern und der Chemiefaserstoffe behandelt und auf die Schädigungen während der Verarbeitung und durch Insekten eingegangen, auch modernen Erzeugnissen, wie Faservliesstoffen und Texturfäden, gilt die Aufmerksamkeit. Dabei wird nicht mehr nach mikroskopischen Methoden, sondern nach Faserstoffen und Textilien oder nach Schädigungsursachen gegliedert. Das ermöglicht auch bei den klassischen Faserstoffen neue Einblicke. Als ein Beispiel dafür sei die Stereoscan-Aufnahme einer Flachsfaser auf Seite 40 erwähnt, die die „Verschiebungen" besonders plastisch zeigt.

Im ersten Kapitel behandelt der inzwischen verstorbene *E. Grünsteidl*, Wien, die „Mikroskopie der Pflanzenfasern" auf 74 Seiten. Nach einer Einteilung der pflanzlichen Fasern (von der dann in der weiteren Gliederung des Kapitels abgewichen wird) und einigen prinzipiellen Erläuterungen zum chemischen und physikalischen Aufbau der pflanzlichen Fasern gilt der ausführlichste Teil dieses Kapitels der Mikroskopie der Baumwolle. Es folgen als weitere dikotyle Fasern die Bastfasern (Flachs und Hanf sowie ihre mikroskopische Unterscheidung, Jute, Ramie). Von den Fasern aus Monokotylen werden Sisalhanf, Manilahanf (Abaca) und Kokosfaser, von den weniger wichtigen Fasern Kapok, Kenaf (Gambohanf), Sunnhanf, Urena lobata, Neuseeländischer Flachs, Hennequen und Yuccafaser behandelt. Es folgt ein Reagenzienverzeichnis. Das Kapitel endet mit 125 Literaturzitaten.

„Die Mikroskopie der Wolle und tierischen Haare" ist vom 1970 verstorbenen *H. Reumuth* entworfen und von *P. Kassenbeck* überarbeitet worden. Das 56 Seiten umfassende und mit 78 Literaturhinweisen belegte Kapitel gilt vorwiegend der Schafwolle, wobei speziell die Mikroskopie der Schuppendecke, des Faserstammes (Cortex) und des Markkanals (Medulla) behandelt werden. Besondere Aufmerksamkeit widmen die Autoren der mikroskopischen Diagnostik und der Mikroskopie der Wurzeln und Spitzen von Tierhaaren. Von den weiteren Tierhaaren werden Ziegenwollen, Kamelwollen, Kamel-Ziegen-Haare, Lama-Wolle, Kuh-Kälber-Haare, Roßhaare, Kaninhaare und Katzenhaare kurz charakterisiert. In einem weiteren Abschnitt gehen die Verfasser auf die mikroskopische Untersuchung der durch Natur-, Lagerungs- und Fabrikationseinflüsse sowie durch Pilze und Bakterien entstandenen Fehler und Schäden an tierischen Haaren ein. Das Kapitel endet mit den mikroskopischen Merkmalen der (gegebenenfalls erschwerten) Naturseide (Bombyx-, Tussah-, Yamamai-, Spinnen- und Byssus-Seide).

Von gleichem Umfang (76 Seiten) wie das erste Kapitel ist das von Frau *M. Stratmann* bearbeitete Kapitel „Die Struktur der Chemiefasern. Erkennungs- und Unterscheidungsmöglichkeiten". Es ist in vier Hauptabschnitte gegliedert, deren erster den Untersuchungsmethoden (Mikrobild, Testfärbungen, Untersuchungen im polarisierten Licht, Schmelzpunktbestimmung, Prüfung des Löslichkeitsverhaltens, mikroskopische Untersuchung mit spezifischen Reagenzien) gilt. Im zweiten Hauptabschnitt wird die Identifizierung der einzelnen Chemiefaserstoffarten behandelt. Er enthält Faserstoffe aus regenerierter Cellulose, Celluloseacetat, Alginat, regenerierten Eiweiß, Polyamid, Polyharnstoff, Polyester, Polycarbonat, Polyacrylnitril, Multipolymerisaten, Polyvinylchlorid, Polyvinylydenchlorid, Polyvinylalkohol, Polyvinylacetal, Polyolefinen, Gummi und Polyurethan. Innerhalb jedes Faserstoffes werden die Mikrobilder und die Möglichkeiten zum Erkennen und Unterscheiden angegeben. Das Kapitel endet mit Übersichten über die Löslichkeitsgruppen der Chemiefaserstoffe und die Identifizierung innerhalb der Gruppen sowie über die Reagenzien für mikroskopische Untersuchungen an Chemiefaserstoffen (35 Literaturzitate).

W. Bobeth und *U. Müller*, Dresden, bearbeiteten das Kapitel „Die Mikroskopie der anorganischen Faserstoffe". Auf 12 Seiten (4 Literaturhinweise) werden die verschiedenen Asbeste als anorganische Naturfaserstoffe und die anorganischen Chemiefaserstoffe aus Glas, Quarz, Schlacken und Gesteinen sowie die typischen Mikroreaktionen beschrieben und in Mikrobildern dargestellt.

Das mit 86 Seiten umfangreichste Kapitel „Fehlersuche, Aufdeckung und Abstellung des textilen Fehlers" entstammt der Feder von *H. Reumuth* und *A. Neukirchner.* Die Erkennung und Bekämpfung des textilen Fehlerfalles, die nach Meinung der Autoren überhaupt das vom wirtschaftlichen Standpunkt aus gesehen wichtigste Kapitel der Textilmikroskopie ist, wird in 10 Abschnitten behandelt. Sie gelten den mechanisch, chemisch, thermisch, durch Licht und Wetter und biologisch verursachten Schäden, den faserigen und nichtfaserigen Anhängseln und Fremdkörpern in Textilien, der Faserungleichmäßigkeit als Fehlerursache, den Fabrikationsfehlern von der Spinnerei bis zur Konfektion und den Schäden im Gebrauch durch Tragen, Waschen und Reinigen. Da nur ein kleiner Ausschnitt aus der Vielfalt textiler Fehler- und Schadensfälle gebracht werden konnte, endet das Kapitel mit 135 Literaturhinweisen.

In einem besonderen Kapitel werden von Frau *M. Strat-*

mann „Mikroskopisch erkennbare Fehler und Schädigungen an Chemiefasern" auf 12 Seiten beschrieben. Da die Verfasserin auf einen umfangreichen Erfahrungsschatz zurückgreifen kann, fehlen hier Literaturangaben. Im einzelnen geht sie auf materialbedingte Fehler (Reckungsunterschiede, Pigmentanhäufungen) und Faserschädigungen durch äußere Einflüsse (mechanische, chemische, Licht- und Hitzeschäden) ein.

„Die mikroskopische Untersuchung von Faservliesstoffen" wurde von *H. Reumuth* und *A. Neukirchner* bearbeitet. Nach einem Überblick über die Geschichte und die Herstellung der Faservliesstoffe gehen die Autoren auf empfehlenswerte Mikromethoden (Direktbeobachtung, Abdrücke, Aufhellen durch Einbettungsmittel mit variablen Brechungsindex, Herstellen von Quer- und Anschnitten sowie Flächen- (Etagen-) Schnitten, Verklebungskontrolle, erschwerte Untersuchung an Fertigerzeugnissen) ein. Für den Textilfachmann von besonderem Interesse sind die in einem Anhang gebrachten „natürlichen Faservliesstoffe", als die die Kokons der Seidenraupe und der Mottenraupe sowie die Eischalenhaut des Hühnereies in Rasterelektronenmikroskop-Aufnahmen deutlich zu erkennen sind. Das Kapitel umfaßt 24 Seiten und 31 Literaturstellen.

„Mikroskopische Beobachtungen an Texturgarnen" sind von *N. Bigler*, Basel, beschrieben worden. Auf 25 Seiten geht er zunächst auf die Bedeutung und den Sinn des Texturierens ein. Anhand von mikroskopischen Querschnitts- und Längsansichtsbildern zeigt der Verfasser die Unterschiede, die durch die einzelnen Herstellungsverfahren (Falschdraht-, Klingenzieh-, Zahnrad-, Kulierwirk- und Stauchkammer-Verfahren) entstehen, und geht auf Bikomponentenfäden ein (9 Literaturhinweise).

Im letzten Kapitel des Teiles 2 vom Band VI wird von *E. Laibach* auf 32 Seiten „Der schädigende Einfluß von Insekten auf Textilfasern und der notwendige mikroskopische Einsatz zur Ermittlung des Schädlings" behandelt. Durch die veränderten Lebens-, Arbeits- und Umweltbedingungen des Menschen werden immer mehr Insekten ihre natürlichen Nahrungsquellen verändert oder entzogen, so daß auch für Textilien nicht typische Insekten Schäden hervorrufen können. Voraussetzung für die Aufklärung eines Schadens ist daher, daß ein beschädigtes Textil, so wie es vorgefunden wurde, einem Experten zur Untersuchung vorgelegt wird. Der Autor gliedert das Kapitel entsprechend dem Lebensweg der Schädlinge in die Abschnitte Insekt, Ei, Larve, Puppe und behandelt unter anderem Holzwespen, Mehlkäfer, Messingkäfer, Kleidermotte, Pelzkäfer, Teppichkäfer, Silberfischchen, Schaben, Apfelwickler, Pelzmotte und Mehlmotte (22 Literaturzitate).

Auch der Teil 2 des Bandes VI endet mit einem Namens- sowie einem Sach- und Begriffsregister. Im übrigen gelten auch für diesen Teil die am Ende der Rezension des Teiles 1 gemachten lobenden Aussagen unverändert, so daß sie hier nicht noch einmal wiederholt werden sollen.

F. Winkler

1968 Book of ASTM Standards. Part 26. Plastics — Specifications; Methods of Testing Pipe, Film, Reinforced and Cellular Plastics. Ausgabe Juni 1968. Herausgegeben von der American Society for Testing and Materials. 1916 Race St., Philadelphia, Pa. 19103. Baltimore (USA): American Society for Testing and Materials. Mai 1968. XXV, 898 S. Lwd. $ 18,—.

Im Gegensatz zum Band 27, der gemeinsam mit dem vorliegenden Band 26 die Gesamtarbeit des ASTM-Komitees D-20 „Kunststoffe" darstellt, enthält Band 26 nur die speziellen Prüfvorschriften für Rohre, Folien, Verbund- und Schaumstoffe sowie die Gütevorschriften. Von den 150 Standards in Band 26 sind aus der dem Rezensenten vorliegenden Ausgabe 1965 nur 41 Standards unverändert übernommen worden. Auf sie soll hier nicht näher eingegangen werden. 53 Standards stellen Neuausgaben bereits früher enthaltener dar, und 56 sind völlig neu aufgenommen worden. Zwei der früheren Standards sind nicht mehr enthalten.

Die Neuausgaben der bereits früher enthaltenen Standards befassen sich mit der Güte von Polystyrol-Preß- und -Strangpreß-Materialien (D 703), von Methacrylat-Preß- und -Strangpreß-Massen (D 788), von Nylon-Spritzpreß- und -Strangpreß-Massen (D 789), von Polyäthylen-Preß- und -Strangpreß-Massen (D 1248), von Polychlortrifluoräthylen-Kunststoffen (D 1430), von Styrol/Acrylnitril-Copolymer-Preß- und -Strangpreß-Massen (D 1431), von Tetrafluoräthylenharz-Preß- und -Strangpreß-Massen (D 1457), von Celluloseacetatbutyrat-Kunststoffrohren (D 1503), von Acrylnitril/Butadien/Styrol(ABS)-Kunststoffrohren (D 1527), (D 1527), von Allyl-Preßmassen (D 1636), von Fäden für fadenverstärkte thermoplastische Kunststoffrohre (D 1694), von Polytetrafluoräthylen-Stäben (D 1710), von Polyvinylchlorid-Harzen (D 1755), von Epoxy-Harzen (D 1763), von harten Polyvinylchlorid- und Poly-1,2-Dichloräthen-Verbindungen (D 1784), von Polyvinylchlorid-Rohren (D 1785), von Toluylendiisocyanat und Polyoxypropylenglykol (D 1786), von harten Acrylnitril/Butadien/Styrol-(ABS)-Kunststoffen (D 1788), von Styrol/Butadien-Preß- und -Spritzpreß-Materialien (D 1892), von harten Polyvinylchlorid-Kunststoffplatten (D 1927), von Polyäthylen-Folien und -Platten (D 2103), von Polyäthylen-Kunststoffrohren (D 2104), von harten Polyvinylchlorid/Vinylacetat-Verbindungen (D 2114), von fluorierten Äthylen/Propylen-Copolymer-Preß- und -Strangpreß-Massen (D 2116), von harten Polyvinylchlorid/Vinylacetat-Kunststoffplatten (D 2123), von Acetalharz-Spritzguß- und -Strangpreß-Materialien (D 2133), von Propylen-Kunststoff-Preß- und -Strangpreß-Materialien (D 2146), von lösungsmittelhaltigen Klebstoffen für Acrylnitril/Butadien/Styrol(ABS)-Kunststoff-Rohre und -Fittings (D 2235), von Polyäthylen-Kunststoffrohren (D 2239), von Polyvinylchlorid-Kunststoffrohren (D 2241), von Acrylnitril/Butadien/Styrol-Kunststoffrohren (D 2282) und von weichen Vinylchlorid-Polymer- und -Copolymer-Preß- und -Strangpreß-Verbindungen (D 2287), weitere Standards mit der Lebensdauerprüfung von Kunststoffrohren unter Innendruck (D 1598), der Prüfung von Polyurethanschaum-Rohmaterialien (D 1638), der Spannungsriß-Korrosionsprüfung von Polyäthylen (D 1693), der Schlagzerreißprüfung von Polyäthylenfolien nach der Methode des freien Falles (D 1709), der Bestimmung der Schweißbarkeit von Polyvinylchloridstrukturen (D 1789), der Bestimmung der scheinbaren Viskosität bei hohen Schergeschwindigkeiten mit dem Castor-Severs-Viskosimeter (D 1823) sowie bei niedrigen Schergeschwindigkeiten mit dem Brookfield-Viskosimeter (D 1824), der Vorbereitung von gepreßten Polyäthylen-Prüflingen (D 1928), der Qualitätsbestimmung von stranggepreßten Acrylnitril/Butadien/Styrol(ABS)-Rohren durch Ameisensäureimmersion (D 1939), der Längs-Zugeigenschaften von verstärkten Duroplastrohren (D 2105), eine empfohlene Praxis für die Bestimmung der Wärmestabilität von Polyvinylchlorid-Verbindungen im Ofen (D 2115), der Bestimmung der Abmessungen von thermoplastischen Rohren (D 2122), der künstlichen Alterung harter Schaumkunststoffe (D 2126), der Erweichungsbestimmung organischer Beschichtungen durch vergleichende Härteprüfung (D 2134), der Qualitätsbestimmung von stranggepreßten Polyvinylchlorid-Rohren durch Acetonimmersion (D 2152), eine empfohlene Praxis für die Spannungsberechnung in Kunststoffrohren unter Innendruck (D 2153), die Bestimmung des Methanolextraktes von Vinylchloridharzen (D 2222), eine empfohlene Praxis für die Herstellung ringförmiger Prüflinge aus verstärkten Kunststoffen (D 2291), eine empfohlene Praxis für die Erdverlegung biegsamer thermoplastischer Abflußrohre (D 2321), der Bestimmung der Zugeigenschaften von Glasfaser-Bändern, -Vorgarnen und -Fäden für verstärkte Kunststoffe (D 2343) und mit der Bestimmung der scheinbaren Horizontalscherfestigkeit von verstärkten Kunststoffen (D 2344).

Gegenüber der Ausgabe 1965 wurden Standards neu aufgenommen, die die Bestimmung des Epoxygehaltes in Epoxyharzen (D 1652), die Bestimmung der Stabilisierungsgleichmäßigkeit von Propylen-Kunststoffchargen (D 2342), die Bestimmung des Gehalts an flüchtigen Bestandteilen in schäumbaren Polystyrolmaterial (D 2362), die Bestimmung der Viskosität von Epoxyverbindungen und verwandten Komponenten (D 2393), den Querdruckversuch von Kunststoffrohren zwischen parallelen Platten (D 2412), den Querschlagversuch thermoplastischer Kunststoff-Rohre und -Fittings mit einem fallenden Massestück (D 2444), die Bestimmung der thermooxydativen Stabilität von Propylen-Kunststoffen (D 2445), den Fallversuch geblasener Polyäthylen-Behälter (D 2463), die Bestimmung der Aushärtungszeit und der Temperaturerhöhung reagierender

Duroplast-Kompositionen (D 2471), die Bestimmung der Dauerstandzeit von Polyäthylen in Igepal-Lösung (D 2552), die Bestimmung des Spannungsrißwiderstandes geblasener Polyäthylen-Behälter (D 2561), eine empfohlene Praxis für die Klassifizierung visueller Fehler in Duroplast-Teilen (D 2562) und in glasfaserverstärkten Laminaten und daraus hergestellten Teilen (D 2563), die Bestimmung der Längsschrumpfung während der Aushärtung (D 2566), die Bestimmung der Benetzungsspannung von Polyolefin-Filmen (D 2578), die Bestimmung des Glühverlustes härtbarer Einbettungsharze (D 2584), die Vorbereitung und Zugspannungsprüfung fadenumwundener Druckkessel (D 2585), die Bestimmung der hydrostatischen Druckfestigkeit von glasfaserverstärkten Kunststoffzylindern (D 2586), die Bestimmung des Acetonextraktions- und des Glüh-Verlustes von Glasfaserstoffen für verstärkte Kunststoffe (D 2587), eine empfohlene Praxis für die Schmelzverbindung thermoplastischer Rohre und Fittings (D 2657), die Bestimmung der Stapeldruckeigenschaften von geblasenen thermoplastischen Behältern (D 2659) und eine empfohlene Praxis zur Bestimmung des Bakterienwiderstandes von Kunststoffen (D 2676) behandeln, weiter Gütebestimmungen für harten Polyurethanschaum (D 2341), für mit Amino-Silanen (D 2408), Vinyl-Silanen (D 2409) oder Chromkomplexen (D 2410) ausgerüsteten Glasgeweben für glasfaserverstärkte Kunststoffe, für Celluloseacetatbutyrat-Folien und -Platten (D 2411) sowie -Rohre (D 2446), von Polyäthylen-Kunststoffrohren (D 2447), von Polyvinylchlorid-Gewinde- (D 2464) und -Muffen-Fittings (D 2466, D 2467), von Acrylnitril/Butadien/Styrol-Gewinde- (D 2465) und -Muffen-Fittings (D 2468, D 2469), von Polycarbonat-Preß-, Strangpreß- und Gießharz-Materialien (D 2473), von Vinylchlorid-Copolymer-Harzen (D 2474), von Thermoplast-Gasdruckrohren und -Fittings (D 2513, D 2517), von nichtorientierten Propylen-Kunststoff-Folien (D 2530), von Phenoplast-Preß- und -Strangpreß-Material (D 2531), von lösungsmittelhaltigen Klebstoffen für Celluloseacetatbutyrat-Rohre und -Fittings (D 2560) und Polyvinylchlorid-Rohre (D 2564), von Polybutylen-Kunststoffen (D 2581), von Fittings für Polyäthylen-Rohre (D 2609), D 2610, D 2611), von vernetzbaren Äthylen-Kunststoffen (D 2647), von gereinigten und mit Acryl-Silanen ausgerüsteten Glasfasergeweben für verstärkte Kunststoffe (D 2660), von Acrylnitril/Butadien/Styrol-Rohren und -Fittings (D 2661, D 2680, D 2683), von Polybutylen-Rohren (D 2662, D 2666), von Polyvinylchlorid-Rohren (D 2672) und von orientierten Polypropylen-Filmen (D 2673).

Die Bände 26 und 27 enthalten gemeinsam alle für die Prüfung von Kunststoffen wichtigen Standards. Die vorstehende Übersicht zeigt dabei wohl am besten, welch umfangreiche Arbeit vom ASTM-Komitee D-20 innerhalb von drei Jahren geleistet wurde. *F. Winkler*

Multicomponent Fibers. Von *C. Placek.* Park Ridge (U. J.): Noyes Data Corporation 1971. VIII, 225 S. mit Anhang. 10 S. brosch. $ 35,—.

Der Band „Multicomponent Fibers" behandelt die Entwicklung der Mehrkomponentenfaserstoffe auf Grundlage der US-amerikanischen Patentliteratur im Zeitraum zwischen 1960 und Oktober 1970 (USP 2931091 bis USP 3533904).

Von den 106 referierten Patentschriften beziehen sich etwa 100 auf Segment- oder Kernmantel-Bikomponentenfäden, wobei unterteilt ist nach: Fäden aus verschiedenen Typen des gleichen Polymeren; chemisch nicht verwandten Komponenten; kräuselnden Fäden; Kernmantel- bzw. Segment-Strukturen und Spinntechnologie.

Es wird die Herstellung von Bikomponentenfäden nach dem Schmelz- und Lösungsspinnverfahren (beispielsweise aus Glas, Cellulose, Polyacrylnitril, Polyamiden, Polyestern) behandelt. Daneben sind auch einige Spezialfäden, beispielsweise aus Polyester und Zinn oder Zinnlegierungen oder Fäden mit geschäumten Kern bzw. Mantel erwähnt.

Leider wurden die aus Mischungen von Polymeren hergestellten Matrix/Fibrillen-Fäden fast völlig vernachlässigt, es werden lediglich Mischungen aus Viskose und N-Methylolpolyacrylamid (USP 3016283), PVC und Polystyrol (USP 3110548), Polyolefinmischungen (USP 3112160) sowie Polyamid und Polyester (USP 3447308) beschrieben.

„Multicomponent Fibers" ist wie alle Bände der Reihe „Chemical Process Reviews" sehr übersichtlich gestaltet; Firmen-, Erfinder- und Patentnummernregister erleichtern die Benutzung. *K. Dietrich*

Courtaulds Vocabulary of Textile Terms. 2nd Ed. London: Courtaulds Ltd. Marketing Div. 1972. 222 nicht gezählte Seiten. Kunststoffeinb. £ 1.95.

In gleicher Aufmachung und inhaltlicher Gliederung wie die erste Auflage bringt die zweite Auflage eine auf etwa 1200 Wörter vermehrte Auswahl der wichtigsten textilen Fachwörter in fünf Sprachen — Englisch, Französisch, Spanisch, Deutsch, Russisch. Mit Englisch als Leitsprache ist der Wortschatz in kleine systematische Gruppen aufgeteilt, die von den Fasertypen über die Fasereigenschaften, Spinnerei, Weberei, Ausrüstung bis zu den Erzeugnissen und Anwendungen reichen. In diesen Gruppen sind die Wörter mit Nummern versehen, auf die aus den fünf alphabetischen Teilen verwiesen wird. Dabei ist die das Nachschlagen erleichternde Übersichtlichkeit der Anordnung erhalten geblieben. Mit dem vergrößerten Umfang, in den insbesondere auch erst in den letzten Jahren bekannt gewordene Fachwörter einbezogen sind, rückt das Wörterbuch in die Reihe derjenigen sprachlichen Hilfsmittel auf, durch die alle Nutzer umfangreich und verläßlich informiert werden. *H. Schreiber*

Patentschau

Auszug aus der Lieferung 17/18/1972 der Patentschau „Faserstoffe und Textiltechnik", Ausgabe A: Faserstoffe einschl. Kunststoffe und organ. Grundsubstanzen, zusammengestellt von der Abteilung Information und Dokumentation des Instituts für Polymerenchemie der AdW der DDR, 153 Teltow-Seehof, Kantstr. 55

Die Patentschau ist nach der internationalen Patentklassifikation (IPC) gegliedert. Es bedeuten: DLP = DDR-Patent; DTP = Deutsches Bundespatent; DTA = (West-)Deutsche Auslegeschrift; DTO = (West-)Deutsche Offenlegungsschrift; OEP = Österreichisches Patent; CHP = Schweizer Patent; FRP = Französisches Patent; GBP = Britisches Patent; JAP = Japanisches Patent; POP = Polnisches Patent; SWP = Schwedisches Patent; SUP = Sowjetisches Patent; CSP = Tschechoslowakisches Patent; USP = Amerikanisches Patent; A = Anmeldedatum, O bzw. B = Tag der Ausgabe der Offenlegungs-, Auslege- bzw. Patentschrift.

Sektion B. Arbeitsverfahren

B 65. Fördern, Packen, Lagern; Handhaben dünner oder fadenförmiger Werkstoffe

B 65h. Behandeln von dünnem oder fadenförmigem Gut, z. B. Folien, Gewebe, Kabel

DTO 1774774. Vorrichtung zum Lokalisieren eines Übermaßes einer Fadenlänge. Erf.: *Hubert Peter van Mullekom.* Anm.: N. V. Machinefabriek L.te Strake, Deurne (NL). A. 4. 9. 68, B. 20. 1. 72. Kl.: 47k, 3/06, Int. Kl.: B 65h 51/20. A.-Z.: P 1774774. Prior.: 4. 9. 67 (NL; A.-Z.: 6712130).

DLP 89936. Vorrichtung zum Steuern des Spulentragarmes beim automatischen Fadenumlegen zwischen zwei koaxial nebeneinanderliegenden Spulen an Aufspulmaschinen. Erf. u. Inh.: *Bernhard Groß, Gerhard Jentsch* u. *Hans Walter.* A. 16. 4. 71, B. 12. 5. 72. Kl.: 29a, 6/01, Int. Kl.: B 65h 54/28. A.-Z.: WP B 65h/154469.

DTO 2037282. Verfahren und Vorrichtung zum kontinuierlichen Aufwickeln des von einer Behandlungsvorrichtung kommenden Stranggutes. Erf.: *Paul Goltz* u. *Hans-Joachim Melcher.* Anm.: Maschinenfabrik Niehoff KG, 8540 Schwabach (DT). A. 28. 7. 70, B. 10. 2. 72. Kl.: 47k, 5/02, Int. Kl.: B 65h 54/22. A.-Z.: P 2037282.

CHP 523196. Speichereinrichtung für fadenartiges Material. Erf.: *E. Pfarrwaller.* Inh.: Gebrüder Sulzer AG, Winterthur. A. 14. 5. 70, B. 31. 5. 72. Int. Kl.: B 65h 57/22, D 03d 47/34. A.-Z.: 7181/70.

SUP 327264 (Urheberschein). Vorrichtung zum Aufspulen eines Fadens. Erf.: *O. B. Ponomarev* u. *G. A. Golubev.* Anm.: Leningradskoe special'noe konstruktorsko-technologičeskoe Bjuro Mašin chimičeskich Volokon. A. 4. 4. 70, B. 26. 1. 72. Int. Kl.: D 01d 7/00, B 65h 59/18. A.-Z.: 1421131/28-12.

DTO 1660516. Verbindung der Köpfe oder Endflanschen mit dem Kern an zusammengesetzten Spindeln zur Wicklung von Garnen. Erf.: *Mario Scaglia.* Anm.: M. Scaglio S.p.A., Brembilla, Bergamon (IT). A. 16. 6. 65, B. 13. 1. 72. Kl.: 29a, 6/13, Int. Kl.: B 65h 75/14. A.-Z.: P 1660516 (S 97653). Prior.: 6. 7. 64 (IT; A.-Z.: 14675/64). Entspr. DLP 52527.

Sektion C. Chemie und Metallurgie

CHEMIE

C 01. Anorganische Chemie

FRP 2097112 (B). Verfahren zur Herstellung von Kohlenstoffäden. Inh.: Akzo N.V. A. 1. 7. 71, B. 7. 4. 72. Int. Kl.: C 01b 31/00. A.-Z.: 7124104. Prior.: 1. 7. 70 (NL; A.-Z.: 7009761).

FRP 2098508 (B). Verfahren zum Behandeln von Kohlenstoffäden. Inh.: National Research Development Corp. A. 6. 7. 70, B. 14. 4. 72. Int. Kl.: C 01b 31/00. A.-Z.: 7025017.

C 03. Glas; Mineral- und Schlackenwolle

C 03b. Herstellung, Formgebung und Nachbehandlungsverfahren

SUP 329141 (Urheberschein). Vorrichtung zur Herstellung von Fasern aus der Schmelze. Erf.: *A. M. Ivanov* u. *M. M. Brač.* Anm.: Special'noe konstruktorskoe Bjuro Ministerstva Promyšlennosti stroitel'nych Materialov Estonskoj SSR. A. 6. 3. 67, B. 9. 2. 72. Int. Kl.: C 03b 37/00. A.-Z.: 1138620/28-13.

USP 3628931. Eine Vorrichtung mit rotierender Buchse zur Herstellung von Fasern. Erf.: *Robert G. Russell.* Inh.: Owens-Corning Fiberglas Corp. A. 2. 6. 69, B. 21. 12. 71. Kl.: 65-11 W, Int. Kl.: C 03b 37/02. 17 Anspr. A.-Z.: 829631.

USP 3649231. Verfahren und Vorrichtung zur Herstellung von Faserstoffen unter Kontrolle der Umgebung. Erf.: *William C. Trethewey.* Inh.: Owens-Corning Fiberglas Corp. A. 19. 10. 70, B. 14. 3. 72. Kl.: 65-2, Int. Kl.: C 03b 37/04. 20 Anspr. A.-Z.: 82078 (Zus. z. Pat. m. A.-Z.: 760465. A. 18. 9. 68). A.-Z.: 760465 entspr. DTO 1946869 u. GBP 1259652.

C 03c. Chemische Zusammensetzung von Gläsern, Glasuren oder Emails; Oberflächenbehandlung von Glas; Verbinden von Glas mit Glas oder anderen Stoffen

DTO 2032810. Verfahren zur Aufbringung kontinuierlicher und gleichmäßiger Schichten eines Überzugsmaterials auf Fasern od. dgl. und Vorrichtung zur Durchführung des Verfahrens. Erf.: *Samuel Richard Genson.* Anm.: Johns-Manville Corp., New York, N. Y. (US). A. 29. 6.70, B. 5. 1. 72. Kl.: 32b, 25/02, Int. Kl.: C 03c 25/02. A.-Z.: P 2032810.

USP 3645707. Verfahren zum Beschichten von Glasfasern. Erf.: *Thomas E. Philipps.* Inh.: Owens-Corning Fiberglas Corp. A. 9. 2. 70, B. 29. 2. 72. Kl.: 65-3, Int. Kl.: C 03c 25/02. 8 Anspr. A.-Z.: 10054.

USP 3650818 (Zus. z. Pat. 3234042. A. 16. 3. 61. A.-Z.: 96106). Glasfasern, beschichtet mit Vinylpolymeren, die ein Amin enthalten. Erf.: *Alfred Marzocchi* u. *Richard C. Horton.* Inh.: Owens-Corning Fiberglas Corp. A. 8. 7. 65, B. 21. 3. 72. Kl.: 117-126 GB, Int. Kl.: C 03c 25/00, C 08g 41/04. 4 Anspr. A.-Z.: 470618.

C 07. Organische Chemie

C 07c. Acyclische und carbocyclische Verbindungen

USP 3641137. Herstellung von Methacrylsäure. Erf.: *Donald M. Fenton,* Inh.: Union Oil Co. of California, Los Angeles, Calif. A. 19. 2. 69, B. 8. 2. 72. Kl.: 260-526 N, Int. Kl.: C 07c 53/28, 57/04. 12 Anspr. A.-Z.: 800744.

JAP 7127448. Bisglykolester. Erf.: *Takeo Shima, Takanori Urasaki* u. *Isao Oka.* Inh.: Teijin Ltd. A. 1. 3. 68, B. 10. 8. 71. Int. Kl.: C 07c, B 01j, C 08g.

JAP 7127732. Hitzestabilisierung von bis(β-Hydroxyäthyl)terephthalat oder seinen Oligomeren. Erf.: *Hidehiko Kobayashi, Chihivo Ooizumi, Yasuto Kodaira* u. *Akihiro Miyake.* Inh.: Asahi Chemical Industry Co. Ltd. A. 13. 8. 68, B. 12. 8. 71. Int. Kl.: C 07c, C 08g.

USP 3642876. Herstellung von Telomeren von Vinylestern. Erf.: *Joseph K. Hoffman* u. *James P. Russell.* Inh.: Air Products and Chemicals. Inc., Allentown, Pa. A. 22. 12. 69, B. 15. 2. 72. Kl.: 260-491. Int. Kl.: C 07c 67/00, 69/16, 69/22. 2 Anspr. A.-Z.: 887022 (ausgesch. aus Pat. m. A.-Z.: 386593. A. 31. 7. 64). Entspr. DTO 1570214, FRP 1441248, u. GBP 1065487.

C 07d. Heterocyclische Verbindungen

JAP 7131871. Rückgewinnung von Lactam aus Polylactam. Erf.: *Kaichi Munechika* u. *Kaoru Furukawa.* Inh.: Toyo Spinning Co. Ltd. A. 29. 10. 68, B. 17. 9. 71. Int. Kl.: C 07d.

JAP 7131868. ε-Caprolactam. Erf.: *Isamu Fujita* u. *Kiyoshi Otoi.* Inh.: Kanegafuchi Spinning Co. Ltd. A. 4. 10. 68, B. 17. 9. 71. Int. Kl.: C 07d, B 01j.

C 08. Makromolekulare Verbindungen; ihre Herstellung und chemische Verarbeitung; auf diesen Verbindungen beruhende Gemische

C 08b. Polysaccharide und deren Derivate

SUP 318587 (Urheberschein). Verfahren zur Herstellung von Cellulose. Erf.: *N. V. Vostrilova, T. I. Suškevič, A. M. Zaripova* u. *Ch. U. Usmanov.* A. 22. 6. 68, B. 28. 10. 71. Int. Kl.: C 08b 1/00. A.-Z.: 1262312/23-4.

SUP 329185 (Urheberschein). Verfahren zur Herstellung von Celluloseacetophthalat. Erf.: *V. N. Krjažev* u. *B. P. Smirnov.* A. 27. 5. 69, B. 9. 2. 72. Int. Kl.: C 08b 3/12. A.-Z.: 1334000/23-5.

SUP 331061 (Urheberschein). Verfahren zur Kontrolle des Acylierungsvorganges von Cellulose. Erf.: *V. E. Sabinin, N. V. Kija-oglu, G. P. Barykin, V. K. Gusev, Ju. V. Šarikov* u. *V. V. Pomogaev.* A. 17. 2. 70, B. 7. 3. 72. Int. Kl.: C 08b 3/60. A.-Z.: 1402378/23-4.

CHP 523292. Verfahren zur Herstellung von neuen, gelbildenden Stoffen. Erf.: *Johannes Muetgeert.* Inh.: Vaessen-Schoemaker Holding N. V., Singel 5, Deventer (NL). A. 30. 5. 68. Int. Kl.: C 08b 19/00. A.-Z.: 7995/68. Prior.: 30. 5. 67 (NL; A.-Z.: 6707457).

C 08f. Polymerisationsprodukte

DTO 1770935. Polymerisationsverfahren. Erf.: *Heinz Pohlemann, Frithjof Römer* u. *Johann Swoboda.* Anm.: Badische Anilin- & Soda-Fabrik AG, 6700 Ludwigshafen (DT). A. 20. 7. 68, B. 13. 1. 72. Kl.: 39b4, 1/60, Int. Kl.: C 08f 1/60. A.-Z.: P 1770935. Entspr. OEP 294423, CHP 512523, FRP 2013398, GBP 1266779 u. USP 3634371.

FRP 2096836 (B). Verfahren und Vorrichtung zur Polymerisation. Erf.: *Morand Lambla, Albert Banderet, Gaston Scheibling* u. *Marcel Brendle.* Inh.: Agence Nationale de Valorisation de la Recherche. A. 3. 7. 70, B. 7. 4. 72. Int. Kl.: C 08f 1/00, C 08d 1/00, C 08g 35/00. A.-Z.: 7024840. Entspr. DTO 2132283.

FRP 2099345 (B). Katalysatoren für die Polymerisation von Olefinen. Erf.: *Umberto Giannini, Paolo Longi, Domenico Deluca* u. *Angelo Pricca.* Inh.: Montecatini Edison S.p.A. A. 28. 7. 71, B. 14. 4. 72. Int. Kl.: C 08f 1/00, 3/00. A.-Z.: 7127567. Prior.: 31. 7. 70 (IT; A.-Z.: 28131 A/70).

FRP 2104090 (B). Verfahren zur Polymerisation von Olefinmonomeren. Erf.: *Luigi Patron* u. *Luciano Console.* Inh.: Chatillon Soc. An. Italiana per le Fibre Tessili Artificiali S.p.A. A. 6. 8. 71, B. 19. 5. 72. Int. Kl.: C 08f 1/00, 3/00, 7/00. A.-Z.: 7128979. Prior.: 10. 8. 70 (IT; A.-Z.: 28465 A/70).

JAP 7125854. Katalysator zur Polymerisation von α-Olefinen. Erf.: *Senji Nakano, Masamitsu Murayama, Toshitsune Watanabe* u. *Naotake Okawa.* Inh.: Mitsubishi Chemical Industries Co. Ltd. A. 4. 11. 66, B. 26. 7. 71. Int. Kl.: C 08f, B 01j.

SUP 318407 (Urheberschein). Verfahren zur Aktivierung des Chromoxid-Katalysators für Polymerisation von Äthylen. Erf.: *Ju. I. Ermakov, E. G. Kušnareva* u. *L. F. Najmušina.* Anm.: Institut Kataliza Sibirskogo Otdelenija AN SSSR. A. 15. 7. 70, B. 28. 10. 71. Int. Kl.: B 01j 11/32. A.-Z.: 1459270/23-4.

USP 3642737. Verfahren zur Polymerisation von Vinylchlorid. Erf.: *Luigi Patron, Alberto Moretti* u. *Renato Pasqualetto.* Inh.: Chatillon Soc. An. Italiana per le Fibre Tessili Artificiali S.p.A., Mailand (IT). A. 24. 6. 69, B. 15. 2. 72. Kl.: 260-85,5, Int. Kl.: C 08f 1/62, 3/30. 19 Anspr. A.-Z.: 836166. Prior.: 28. 6. 68 (IT; A.-Z.: 18362/68). Entspr. FRP 2011771 u. GBP 1262716.

USP 3642738. Verfahren zur kontinuierlichen Massepolymerisation von Vinylchlorid bei niedriger Temperatur. Erf.: *Luigi Patron, Alberto Moretti* u. *Gian Paolo Sinatora.* Inh.: Chatillon Soc. An. Italiana per le Fibre Tessili Artificiali S.p.A., Mailand (IT). A. 14. 10. 69, B. 15. 2. 72. Kl.: 260-85,5, Int. Kl.: C 08f 1/04, 1/61, 3/30. 9 Anspr. A.-Z.: 866241. Prior. 17. 10. 68 (IT; A.-Z.: 22600/68). Entspr. DTO 1952074, FRP 2020899 u. GBP 1265222.

USP 3642749. Olefinpolymerisation unter Verwendung von Katalysatorsystemen aus di-tert.-polyalicyclischem Chromatester. Erf.: *Robert Norman Johnson, Frederick John Karol* u. *Louis Anthony Pilato.* Inh.: Union Carbide Corp., New York, N. Y. A. 27. 3. 69, B. 15. 2. 72. Kl.: 260-88,2R, Int. Kl.: C 08f 1/30, 3/04, 15/04. 29 Anspr. A.-Z.: 811210. Entspr. DTO 2014031 u. FRP 2040084.

USP 3644406. Wasserlösliche Azoameisensäureester. Erf.: *Chester Stephen Sheppard* u. *Ronald Edward MacLeay.* Inh.: Pennwalt Corp., Philadelphia, Pa. A. 27. 9. 68, B. 22. 2. 72. Kl.: 260-192, Int. Kl.: C 07c 107/00, 107/02, 107/04. 5 Anspr. A.-Z.: 763342.

DTO 1770817. Verfahren zur Herstellung von Polyvinylchlorid. Erf.: *Harry Roll* u. *Karl Weißbach.* Anm.: Chemische Werke Hüls AG, 4370 Marl (DT). A. 6. 7. 68, B. 13. 1. 72. Kl.: 39b4, 3/30, Int. Kl.: C 08f 3/30. A.-Z.: P 1770817. Entspr. GBP 1262970.

DTO 1795395. Verfahren zur Herstellung von Polymerisaten und Mischpolymerisaten von (Meth-)Acrylsäureestern und von Acrylnitril bei gleichzeitiger Dämpfung des Geleffektes. Erf.: *Manfred Munzer* u. *Adolf Wohnhas*. Anm.: Röhm GmbH, 6100 Darmstadt (DT). A. 26. 9. 68, B. 5. 1. 72. Kl.: 39b4, 3/64, Int. Kl.: C 08f 3/64. A.-Z.: P 1795395. Entspr. FRP 2018948.

DTO 1795420. Verfahren zur Polymerisation von alpha-Olefinen. Erf.: *Berd Diedrich, Karl Diether Keil* u. *Kurt Rust*. Anm.: Farbwerke Hoechst AG vorm. Meister Lucius & Brüning, 6000 Frankfurt (DT). A. 27. 9. 68, B. 5. 1. 72. Kl.: 39b4, 3/02, Int. Kl.: C 08f 3/02. A.-Z.: P 1795420. Entspr. GBP 1258984.

DTO 2131184. Verfahren zur Herstellung pulverförmiger Homo- oder Mischpolymerisate von Äthylen. Erf.: *Johannes Marie Frielink*. Anm.: Stamicarbon N. V., Heerlen (NL). A. 23. 6. 71, B. 5. 1. 72. Kl.: 39b4, 3/04, Int. Kl.: C 08f 3/04. A.-Z.: P 2131184. Prior.: 29. 6. 70 (NL; A.-Z.: 7009555).

DTO 2133545. Verfahren zur Polymerisation von Propylen. Erf.: *Giorgio Leicht* u. *Alberto Tanchi*. Anm.: Montecatini Edison S.p.A., Mailand (IT). A. 6. 7. 71, B. 20. 1. 72. Kl.: 39b4, 3/10, Int. Kl.: C 08f 3/10. A.-Z.: P 2133545. Prior.: 8. 7. 70 (IT; A.-Z.: 27135 A/70).

GBP 1273979. Verfahren zur Herstellung faserbildender Lösungen von Acrylnitrilpolymeren. Inh.: Institut Vysokomolekulyarnykh Soedineny AN SSR; u. Leningradsky Institut Textilnoi i Legkoi Promyshlennosti IM S. M. Kirova. A. 15. 8. 68, B. 10. 5. 72. Kl.: C3.P, Int. Kl.: C 08f 1/08, 1/62, 3/76, 15/00. A.-Z.: 33625/68.

USP 3642733. Perlpolymerisationsverfahren und das Produkt. Erf.: *Carl S. Anderson, David F. Bittle, Thomas M. Veazey* u. *Robert G. Wooten*. Inh.: Monsanto Co., St. Louis, Mo. A. 23. 10. 68, B. 15. 2. 72. Kl.: 260-80,81, Int. Kl.: C 08f 3/76, 15/40. 7 Anspr. A.-Z.: 770110 (Zus. z. Pat. m. A.-Z.: 398047. A. 21. 9. 64). Entspr. DTO 1570999, FRP 1466331 u. GBP 1127903.

USP 3642756. Verfahren zur Erhöhung der Kapazität eines Polymerisationskessels während der Polymerisation eines Vinylchloridmonomeren in wäßriger Suspension. Erf.: *Merritt R. Meeks* u. *Joseph L. Garner*. Inh.: The Dow Chemical Co., Midland, Mich. A. 22. 8. 69, B. 15. 2. 72. Kl.: 260-92,8W, Int. Kl.: C 08f 1/82, 3/30, 1/11. 3 Anspr. A.-Z.: 852486. Entspr. DTO 2033902.

USP 3644317. Verfahren zur Polymerisation von Vinylchlorid. Erf.: *Sergio Lo Monaco, Corrado Mazzolini, Luigi Patron* u. *Alberto Moretti*. Inh.: Chatillon Soc. An. Italiana per le Fibre Tessili Artificiali S.p.A., Mailand (IT). A. 12. 12. 68, B. 22. 2. 72. Kl.: 260-85,5, Int. Kl.: C 08f 3/30, 1/62, 1/80. 9 Anspr. A.-Z.: 783413. Prior.: 15. 12. 67 (IT; A.-Z.: 23916/67). Entspr. DTO 1814182, OEP 286626 u. FRP 1599214.

DTO 1770901. Verfahren zur Herstellung carboxylgruppenhaltiger Mischpolymerisate. Erf.: *Karl Döppert* u. *Kurt Fendel*. Anm.: Consortium für elektrochemische Industrie GmbH, 8000 München (DT). A. 17. 7. 68, B. 3. 2. 72. Kl.: 39b4, 15/40, Int. Kl.: C 08f 15/40. A.-Z.: P 1770901.

FRP 2101112 (B). Copolymere des Vinylchlorids und ihre Herstellung. Inh.: Atlas. A. 25. 8. 70, B. 5. 5. 72. Int. Kl.: C 08f 1/00, 15/00. A.-Z.: 7030988.

SUP 328592 (Urheberschein). Verfahren zur Herstellung von Vinylchlorid/Vinylacetat-Copolymeren. Erf.: *Pol' Kraft* u. *Zigfrid Al'tšer* (US). Anm.: Stauffer Chemical Co. (US). A. 15. 1. 69, B. 2. 2. 72. Int. Kl.: C 08f 15/30. A.-Z.: 1297801/23-5.

USP 3642719. Verfahren zur Herstellung von Acrylnitril/α-Methylenglutarsäureanhydrid-Copolymeren und das Produkt. Erf.: *Bernard C. Roest, Jozef L. M. van der Loos* u. *Peter J. M. W. Claassen*. Inh.: Stamicarbon N. V., Heerlen (NL). A. 30. 12. 69, B. 15. 2. 72. Kl.: 260-78,5R, Int. Kl. C 08f 15/02, 15/40, 27/14. 13 Anspr. A.-Z. 889342. Prior.: 31. 12. 68 (NL; A.-Z.: 6818848). Entspr. DTO 1965738 u. GBP 1264540.

USP 3642736. Verfahren zur Wiedergewinnung flüchtiger Monomerer. Erf.: *Arley L. Downs*. Inh.: Monsanto Co., St. Louis, Mo. A. 13. 5. 69, B. 15. 2. 72. Kl.: 260-85,5, Int. Kl.: C 08f 15/22. 5 Anspr. A.-Z.: 824099. Entspr. DTO 2023205 u. FRP 2047648.

USP 3645992. Verfahren zur Herstellung von homogenen, teilweise kristallinen Copolymeren des Äthylens mit anderen α-Olefinen. Erf.: *Clayton Trevor Elston*. Inh.: Du Pont of Canada, Ltd., Montreal, Quebec (CA). A. 15. 2. 68, B. 29. 2. 72. Kl.: 260-80,78, Int. Kl.: C 08f 15/04. 13 Anspr. A.-Z.: 705701. Prior.: 2. 3. 67 (CA; A.-Z.: 984213). Entspr. DTO 1745308 u. GBP 1209825.

USP 3645985. Polymere von 5-(3-Perfluoralkyl-1.2.4-oxadiazolyl)olefinen. Erf.: *Pier Luigi Pacini* u. *Eduard Karl Kleiner*. Inh.: Ciba-Geigy Corp. A. 16. 6. 69, B. 29. 2. 72. Kl.: 260-78,4,R, Int. Kl.: C 08f 3/42, 19/00. 21 Anspr. A.-Z.: 833706. Entspr. FRP 2046787.

DTO 1770295. Verfahren zum Abbau von hochmolekularem Polyisobutylen in Schneckenmaschinen. Erf.: *Wolfgang Lehnerer, Hermann Güterbock* u. *Klaus Kinkel*. Anm.: Badische Anilin- & Soda-Fabrik AG. 6700 Ludwigshafen (DT). A. 27. 4. 68, B. 3. 2. 72. Kl.: 39b4, 27/28, Kl.: C 08f 27/28. A.-Z.: P 1770295. Entspr. OEP 288017, GBP 1257042 u. USP 3634381.

DTO 1795212. Acrylnitrilpfropfpolymerisate. Erf.: *Helmut Engelhard, Francis Bentz, Günther Nischk* u. *Wolfgang Gießler*. Anm.: Farbenfabriken Bayer AG, 5090 Leverkusen (DT). A. 28. 8. 68, B. 20. 1. 72. Kl.: 39b5, 23/20, Int. Kl.: C 08g 23/20. A.-Z.: P 1795212. Entspr. CHP 522690 u. FRP 2016309.

FRP 2103746 (B). Verbesserungen ungesättigter Polyesterharze. Inh.: Società Italiana Resine S.p.A. A. 27. 7. 71, B. 19. 5. 72. Int. Kl.: C 08f 27/00, 29/00, 45/00. A.-Z.: 7127510. Prior.: 1. 7. 70 (IT; A.-Z.: 26849 A/70).

SUP 329186 (Urheberschein). Verfahren zur Herstellung von modifizierten Polyolefinen. Erf.: *B. G. Fedotov, A. G. Sirota, A. F. Gladkich, E. P. Rjabikov, V. A. Balandina, Z. F. Davydova* u. *N. I. Malkina*. A. 21. 11. 69, B. 9. 2. 72. Int. Kl.: C 08f 3/02. A.-Z.: 1378741/23-5.

GBP 1272584. Verfahren zum Desodorisieren von Polymeren ungesättigter Ester. Inh.: Fisons Industrial Chemicals Ltd. A. 5. 7. 68, B. 3. 5. 72. Kl.: C3.P, Int. Kl.: C 08f 1/88, 3/50, 15/00. A.-Z.: 32330/68.

USP 3642955. Anfärbbare Polypropylenfaserstoffe. Erf.: *David E. O'Connor*. Inh.: Ciba-Geigy Corp., Greenburgh, N.Y. A. 1. 8. 69, B. 15. 2. 72. Kl. 260-895, Int. Kl.: C 08f 29/12, 33/08, 7/12. 4 Anspr. A.-Z.: 846914. Entspr. DTO 2038276.

USP 3644593. Oxybenzoylpolyester und polyfluorierte Additionspolymere enthaltende Stoffkompositionen. Erf.: *Bernard E. Nowak* u. *Steve G. Cottis, James Economy* u. *Paul J. Steiner*. Inh.: The Carborundum Co., Niagara Falls, N. Y. A. 28. 5. 69, B. 22. 2. 72. Kl.: 260-900, Int. Kl.: C 08f 29/22. 20 Anspr. A.-Z.: 828691. Entspr. DTO 2025265 u. CHP 520732.

GBP 1272867. Stabilisierung von Polymerkompositionen. Inh.: Imperial Chemical Industrics Ltd. A. 17. 12. 69, B. 3. 5. 72. Kl.: C3.P, Int. Kl.: C 08f 45/54. A.-Z.: 61474/69. Entspr. DTO 2054729 u. FRP 2072444.

USP 3641213. Synergistische UV-Absorberkombination für eine Polypropylen/Polyvinylpyridin-Mischung. Erf.: *John Leo Rodgers*. Inh.: American Cyanamid Co., Stamford, Conn. A. 27. 2. 69, B. 8. 2. 72. Kl.: 260-895, Int. Kl.: C 08f 33/08, 45/60. 7 Anspr. A.-Z.: 803087. Entspr. DTO 2007942, FRP 2033074 u. GBP 1256051.

USP 3644277. Als Stabilisatoren verwendete phenolische Isocyanurate. Erf.: *Jack C. Gilles*. Inh.: The B. F. Goodrich Co., New York, N. Y. A. 28. 9. 70, B. 22. 2. 72. Kl.: 260-45,8N, Int. Kl.: C 08f 45/60. 13 Anspr. A.-Z.: 76259 (ausgesch. aus Pat. m. A.-Z.: 770846. A. 25. 10. 68). A.-Z.: 770846 entspr. GBP 1258489.

USP 3646081. Polymere Zinnmercaptide. Erf.: *Bernard Buchholz*. Inh.: Pennwalt Corp., Philadelphia, Pa. A. 22. 9. 69, B. 29. 2. 72. Kl.: 260-429,7, Int. Kl.: C 07f 7/22, C 08f 45/56. 5 Anspr. A.-Z.: 860094. Entspr. FRP 2061411 u. GBP 1261150.

C 08g, Polykondensations- und Poyladditionsprodukte

DTO 1770835. Verfahren zur Herstellung von Copolymerisaten des Trioxans. Erf.: *Karl-Heinz Häfner*. Anm.: Farbwerke Hoechst AG vorm. Meister Lucius & Brüning, 6000 Frankfurt (DT). A. 10. 7. 68, B. 27. 1. 72. Kl.: 39b5, 1/12, Int. Kl.: C 08g 1/12. A.-Z.: P 1770835. Entspr. FRP 2012685, GBP 1248267 u. USP 3642701.

DTO 1795585. Polyoxymethylene mit erhöhter Stabilität. Erf.: *Werner Kern* u. *Volker Jaacks*. Anm.: Deutsche Gold- und Silber-Scheideanstalt vorm. Roessler, 6000 Frankfurt (DT). A. 10. 3. 60, B. 13. 1. 72. Kl.: 39b5, 1/14, Int. Kl.: C 08g 1/14. A.-Z.: P 1795585 (ausgesch. aus Anm. m. A.-Z.: P 1495534, DTO 1495534).

DTO 1795502. Neue kristallisierbare Copolymere und Verfahren zu ihrer Herstellung. Erf.: *Heiji Arimoto, Matafumi Ishibashi, Masahide Hirai* u. *Kunio Yoshimura*. Anm.: Unitika Ltd., Amagasaki, Hyogo (JA). A. 1. 12. 64, B. 10. 2. 72. Kl.: 39b5, 17/08, Int. Kl.: C 08g 17/08. A.-Z.: P 1795502 (ausgesch. aus Anm. m. A.-Z.: P 1595043). Prior.: 2. 12. 63, 14. 4. 64, 28. 4. 64 (JA; A.-Z.: 64479/63, JAP 20357/69, A.-Z.: 20900/64, JAP 20358/69; A.-Z.: 23969/64, JAP 20359/69; Vgl. auch DTO 1595043 u. DTO 1795503. Entspr. FRP 1438253 u. GBP 1093377.

DTO 1795503. Neue kristallisierbare Copolymere und Verfahren zu ihrer Herstellung. Erf.: *Heiji Arimoto, Matafumi Ishibashi, Masahide Hirai* u. *Kunio Yoshimura*. Anm.: Unitika Ltd., Amagasaki, Hyogo (JA). A. 1. 12. 64, B. 13. 1. 72. Kl.: 39b5, 17/08, Int. Kl.: C 08g 17/08. A.-Z.: P 1795503 (ausgesch. aus Anm. m. A.-Z.: P 1595043). Prior.: 2. 12. 63, 14. 4. 64, 28. 4. 64 (JA; A.-Z.: 64479/63, JAP 20357/69. A.-Z.: 23969/64, JAP 20359/69; A.-Z.: 20900/64, JAP 20358/69; Vgl. auch DTO 1595043 u. DTO 1795502. Entspr. FRP 1438253 u. GBP 1093377.

JAP 7122938. Lineare Polyester mit hoher relativer Molekülmasse. Erf.: *Takaaki Tsuji*. Inh.: Kuraray Co. Ltd. A. 13. 5. 65, B. 30. 6. 71. Int. Kl.: C 08g, C 07c, B 01j.

USP 3642716. Kontrolle der relativen Molekülmasse bei der Lactonpolymerisation. Erf.: *Pieter A. Gautier* u. *Herman Verbrugge*. Inh.: Shell Oil Co., New York, N.Y. A. 4. 11. 68, B. 15. 2. 72. Kl.: 260-78,3, Int. Kl.: C 08g 17/07. 6 Anspr. A.-Z.: 773301. Prior.: 20. 11. 67 (NL; A.-Z.: 6715750). Entspr. FRP 1594792 u. GBP 1189389.

DTO 1645073. Verfahren zur Herstellung von mattierten oder massegefärbten pigmenthaltigen Polyamiden. Erf.: *Masashi Yamamoto, Akira Hanawa, Hiroyuki Uejima, Nara Kashiba* u. *Toshimi Shibata*. Anm.: Unitika Ltd., Amagasaki, Hyogo (JA). A. 25. 5. 66, B. 3. 2. 72. Kl.: 39b5, 20/02, Int. Kl.: C 08g 20/02. A.-Z.: P 1645073. Prior.: 28. 5. 65, 29. 5. 65 (JA; A.-Z.: 31427, 31506). Entspr. CHP 469050, FRP 1480954, GBP 1092617 u. USP 3533984.

DTO 1720886. Verfahren zur Verbesserung der Anfärbbarkeit von Polyamiden. Erf.: *Klaus Gerlach, Wolfgang Grimm* u. *Helmut Linhart*. Anm.: Glanzstoff AG, 5600 Wuppertal (DT). A. 13. 1. 68, B. 20. 1. 72. Kl.: 39b5, 20/02, Int. Kl.: C 08g 20/02. A.-Z.: P 1720886. Entspr. OEP 283746, FRP 2000225, GBP 1195813 u. USP 3644298.

DTO 1770846. Verfahren zur Herstellung von Polyacyloxamidrazon. Erf.: *Ulrich Schulze* u. *Gerhard Meyer*. Anm.: Glanzstoff AG, 5600 Wuppertal (DT). A. 10. 7. 68, B. 13. 1. 72. Kl.: 39b5, 20/20, Int. Kl.: C 08g 20/20. A.-Z.: P 1770846 (Zus. z. Anm. m. A.-Z.: P 1595774, DTO 1595774, S. 51/70). Vgl. auch DTO 1770845, DTO 1720872, DTO 1950907 u. DTO 1950908. Entspr. OEP 291577, CHP 484976, FRP 2019293, GBP 1224709 u. USP 3560452.

DTO 1770968. Verfahren zur Herstellung von Polyamiden. Erf.: *Heinrich Gilch, Hermann Schnell* u. *Heinrich Krimm*. Anm.: Farbenfabriken Bayer AG, 5090 Leverkusen (DT). A. 24. 7. 68, B. 13. 1. 72. Kl.: 39b5, 20/18, Int. Kl.: C 08g 20/18. A.-Z.: P 1770968. Entspr. OEP 292311, CHP 518326 u. FRP 2013620.

JAP 7127820. Hitzebeständige Copolyimide. Erf.: *Shunroku Tooyama, Yu Kurihara* u. *Naoya Yoda*. Inh.: Toray Industries, Inc. A. 29. 6. 68, B. 12. 8. 71. Int. Kl.: C 08g, H 01b.

SUP 318597 (Urheberschein). Verfahren zum Formen von Polyimiden. Erf.: *S. A. Zakoščikov*. A. 3. 10. 66, B. 28. 10. 71. Int. Kl.: C 08g 20/32, 53/14. A.-Z.: 1106125/23-5.

USP 3646153. Synthesefaserstoffe mit verbesserten Schmutz und Flecken abweisenden Eigenschaften. Erf.: *Bryce C. Oxenrider* u. *Cyril Woolf*. Inh. Allied Chemical Corp., New York, N.Y. A. 17. 10. 69, B. 29. 2. 72. Kl.: 260-78 S, Int, Kl.: C 08g 20/38. 5 Anspr. A.-Z.: 867368. Entspr. DTO 2049642 u. FRP 2065912.

USP 3647765. Ungesättigte Polyamide und Verfahren zur Herstellung derselben. Erf.: *Luigi Mortillaro, Mario Russo* u. *Vincenzo Guidotti*. Inh.: Montecatini Edison S.p.A., Mailand (IT). A. 9. 9. 69, B. 7. 3. 72. Kl.: 260-78 UA, Int. Kl.: C 08g 20/20. 16 Anspr. A.-Z.: 856474. Prior.: 11. 9.68 (IT: A.-Z.: 21082/68). Entspr. DTO 1945704 u. FRP 2018004.

DTO 1770068. Verfahren zur Herstellung von Polyurethanen. Erf.: *Dieter Dieterich*. Anm.: Farbenfabriken Bayer AG, 5090 Leverkusen (DT). A. 27. 3. 68, B. 27. 1. 72. Kl.: 39b5, 22/04, Int. Kl.: C 08g 22/04. A.-Z.: P 1770068. Entspr. OEP 297323, FRP 2004879 u. GBP 1244701.

DTO 1795601. Flüssige, lineare, unverzweigte, saure Polyoxyperfluormethylene. Erf.: *Franco Gozzo* u. *Giorgio Carraro*. Anm.: Montecatini Edison S.p.A., Mailand (IT). A. 30. 12. 64, B. 10. 2. 72. Kl.: 39b5, 23/00, Int. Kl.: C 08g 23/00. A.-Z.: P 1795601 (ausgesch. aus Anm. m. A.-Z.: P1493021). Prior.: 2. 1. 64 (IT; A.-Z.: 5/64). Entspr. CHP 462472 u. GBP 1097679.

SUP 328139 (Urheberschein). Verfahren zur Herstellung von Polychinazolindionen. Erf.: *E. I. Chofbauer, V. V. Astachin* u. *T. A. Leonova.* A. 12. 4. 69, B. 2. 2. 72. Int. Kl.: C 08g 33/02. A.-Z.: 1320217/23-5.

SUP 328142 (Urheberschein). Verfahren zur Herstellung von Polycarboranylhydraziden. Erf.: *V. V. Koršak, N. I. Bekasova* u. *D. P. Kunčulija.* Anm.: Institut elementoorganičeskich Soedinenij AN SSSR. A. 6. 7. 70, B. 2. 2. 72. Int. Kl.: C 08g 33/03, 33/18. A.-Z.: 1453550/23-5.

USP 3642720. Polybenzimidazol auf Triazinbasis. Erf.: *Raymond J. Kray* u. *Roland A. E. Winter.* Inh.: Ciba-Geigy Corp., Ardsley, N. Y. A. 30. 4. 70, B. 15. 2. 72. Kl.: 260-78,4 R, Int. Kl.: C 08g 33/02. 15 Anspr. A.-Z.: 33528. Entspr. DTO 2121179.

DTO 1795029. Stabilisierung von Polyoxymethylenen. Erf.: *Jacob Ackermann, Franco Ferre* u. *Giorgio Aness.* Anm.: Società Italiana Resine S.p.A., Mailand (IT). A. 31. 7. 68, B. 27. 1. 72. Kl.: 39b5, 1/24, Int. Kl.: C 08g 1/24. A.-Z.: P 1795029. Prior.: 1. 8. 67 I T; A. Z.: 19064 A/67). Entspr. FRP 1575289 u. USP 3597396.

USP 3641197. Polymerkompositionen und Verfahren zu ihrer Herstellung. Erf.: *William Dean Holland, Joseph Michael Schmitt* u. *Richard McDonald Griffith.* Inh.: American Cyanamid Co., Stamford, Conn. A. 17. 4. 69, B. 8. 2. 72. Kl.: 260-854, Int. Kl.: C 08g 37/32. 10 Anspr. A.-Z.: 817154. Entspr. DTO 2018606.

DTO 1769040. Thermoplastische Polyamid-Formmassen. Erf.: *Johann Schneider* u. *Wolfgang Pungs.* Anm.: Dynamit Nobel AG, 5210 Troisdorf (DT). A. 23. 3. 68, B. 13. 1. 72. Kl.: 39b5, 41/02, Int. Kl.: C 08g 41/02. A.-Z.: P 1769040. Entspr. OEP 286634 u. FRP 2004607.

USP 3644572. Polyamid/Polyester-Dispersionen mit sekundären und tertiären Amino-Endgruppen an den Polyamiden. Erf.: *Richard E. Mayer* u. *Lamberto Crescentini.* Inh.: Allied Chemical Corp., NewYork N.Y. A. 26. 11. 68, B. 22. 2. 72. Kl.: 260-857 R, Int. Kl.: C 08g 41/04. 12 Anspr. A.-Z.: 779253. Entspr. DTO 1956708 u. FRP 2024230.

USP 3644573. Hitzestabilisierung von Polyestern. Erf.: *Kenneth T. Barkey* u. *Walter L. Predmore jr.*. Inh.: Eastman Kodak Co., Rochester, N.Y. A. 2. 7. 69, B. 22. 2. 72. Kl.: 260-860, Int. Kl.: C 08g 51/58. 7 Anspr. A.-Z.: 838473. Entspr. DTO 2032057.

USP 3644270. Verfahren zum Färben von Polyestern mit Rhodamin-, Xanthen- oder Benzophenylsafranin-Farbstoffen. Erf.: *George Devasia Valiaveedan.* Inh.: E. I. du Pont de Nemours and Co., Wilmington, Del. A. 21. 4. 69, B. 22. 2. 72. Kl.: 260-40 R, Int. Kl.: C 08g 51/04.6 Anspr. A.-Z.: 818139. Entspr. FRP 2045518.

C 08 k. Zusatzstoffe für allgemeine Anwendung

DTO 1694235. Anti-elektrostatische geformte Gebilde aus Hochpolymeren. Erf.: *Joachim Schneider, Herbert Gröschel, Harry Kubitzek, Günter Nawrath* u. *Hans Rudolph.* Anm.: Farbenfabriken Bayer AG, 5090 Leverkusen (DT). A. 28. 12. 67, B. 10. 2. 72. Kl.: 39b8, 1/60, Int. Kl.: C 08 k 1/60. A.-Z.: P 1694235. Entspr. OEP 290003, FRP 1598864 u. GBP 1203869.

Sektion D. Textilien und Papier

TEXTILIEN

D 01. Natürliche oder künstliche Fäden oder Fasern; Spinnen

D 01b. Mechanische Behandlung von natürlichen faserigen oder fadenförmigen Stoffen zur Gewinnung von Fasern oder Fäden, z. B. zum Verspinnen

SUP 318640 (Urheberschein). Roststäbe der Sägeegreniermaschine. Erf.: *D. A. Kotov, P. N. Tjutin* u. *R. Ju. Melamedov.* Anm.: Taškentskij Institut tekstil'noj i legkoj Promyšlennosti. A. 22. 7. 70, B. 28. 10. 71. Int. Kl.: D 01b 1/08. A.-Z.: 1454818/28-12.

SUP 318642 (Urheberschein). Vorrichtung für das Ausscheiden von Bast aus Flachsstengeln. Erf.: *A. L. Atlanov* u. *Ja. A. Rabaunis.* Anm.: Gosudarstvennoe special'noe konstruktorskoe Bjuro po Mašinam dlja Chlopkovodstva. A. 15. 4. 70, B. 28. 10. 71. Int. Kl.: C 01b 1/16. A.-Z.: 1422985/28-12.

SUP 329260 (Urheberschein). Vorrichtung zum Trocknen von Naturfasern. Erf.: *Ch. K. Davydbaev* u. *M. R. Rachimov.* A. 8. 2. 71, B. 9. 2. 72. Int. Kl.: D 01b 1/48. A.-Z.: 1617941/18-10.

SUP 328222 (Urheberschein). Verfahren zum Befeuchten von Fasern direkt vor dem Pressen der Ballen. Erf.: *L. N. Bogomazov, V. M. Golovin L. Coj* u. *V. P. Kolesničenko.* Anm.: Central'nyj naučno-issledovatel'skij Institut chlopkovoj Promyšlennosti. A. 30. 10. 67, B. 2. 2. 72. Int Kl.: D 01b 9/00, B 30b 9/30. A.-Z.: 1195282/28-12.

D 01c. Chemische Behandlung von natürlichen fadenförmigen oder faserigen Stoffen zur Gewinnung von Fäden oder Fasern zum Verspinnen; Karbonisieren von Lumpen zur Rückgewinnung tierischer Fasern

JAP 7107208. Behandlung von Naturseide mit nichtionischen synthetischen Waschmitteln. Erf.: *Tomizo Nakano.* Inh.: Wakamiya Senkosho Co. Ltd. A. 18. 5. 67, B. 23. 2. 71. Int. Kl.: D 01c.

D 01d. Mechanische Verfahren und Vorrichtungen für die Herstellung von künstlichen Fäden, Gespinsten, Fasern, Borsten oder Bändern

DTO 1660644. Spinndüse zur Herstellung von synthetischen Verbundfäden mit zwei nebeneinander verlaufenden Komponenten. Erf.: *Masatoshi Yoshida* u. *Keisuke Tanouchi.* Anm.: Toho Beslon K. K., Tokio (JA). A. 21. 4. 66, B. 10. 2. 72. Kl.: 29a, 6/10, Int. Kl.: D 01d 3/00. A.-Z.: P 1660644 (T 30963). Prior.: 22. 4. 65, 7. 9. 65 (JA; A.-Z.: 23806/65, 54404/65, 54405/65). A.-Z.: 54405/65, JAP 894/69, A.-Z.: 40/23806 entspr. USP 3350741. Entspr. GBP 1105202.

DTO 1779564. Verfahren und Vorrichtun zur Herstellungg von Erzeugnissen aus einer Grundmasse mit einer Vielzahl von in der Grundmasse eingebetteten endlosen Fäden. Erf.: *Korstian Jacobus Marinu- van Drunen* u. *Wilhelmus Johannes Fontijn.* Anm.: Algemene Kunstzijde Unie N. V., Arnheim (NL). A. 28. 8. 68, B. 13. 1. 72. Kl.: 29a, 6/31, Int. Kl.: D 01d 3/00. A.-Z.: P 1779564. Prior.: 2. 9. 67 (NL: A.-Z.: 6712079). Entspr. DLP 70698, FRP 1579231 u. GBP 1243668.

GBP 1273111. Vorrichtung zur Herstellung von zusanmengesetzten Faserstoffen. Inh.: Snam Progetti S.p.A. A. 6. 3. 70, B. 3. 5. 72. Kl.: B5.B, Int. Kl.: D01d3/00, 5/08. A.-Z.: 10985/70. Prior.: 11. 3. 69 (IT; A.-Z.: 13914). Entspr. DTO 2010503 u. FRP 2037635.

CHP 523340. Vorrichtung zum Aufwinden von nicht normal verstrecktem Fadenmatreial auf einen Abfallteil einer Streckzwirn-Spindel. Erf.: *Kurt Angst* u. *Peter Pfyffer.* Inh.: Maschinenfabrik Rieter AG, Winterthur. A. 1. 12. 70, Int. Kl.: D 01d 5/12, D 01h 1/40, 7/04. A.-Z.: 17764/70.

GBP 1273733. Verfahren zur Herstellung künstlicher Fäden. Inh.: Ernest Scragg & Sons Ltd. A. 24. 7. 68, B. 10. 5. 72. Kl.: B5.B, Int. Kl.: D 01d 5/00, B 29d 7/02, B 32b 27/06. A.-Z.: 29993/68. Entspr. DTO 1937426 u. USP 3649404.

USP 3644609. Verfahren zur Herstellung eines Acrylverbundfadens. Erf.: *Kazumi Nakagawa* u. *Keitaro Shimoda.* Inh.: Japan Exlan Co. Ltd., Osaka (JA). A. 5. 3. 71, B. 22. 2. 72. Kl.: 264-168, Int. Kl.: D 01d 5/22. 1 Anspr. A.-Z.: 121526 (Zus. z. Pat. m. A.-Z.: 817249. A. 7. 3. 69 u. Pat. m. A.-Z.: 566238. A. 19. 7. 66). Prior.: 25. 7. 65 (JA; A.-Z.: 40/45518, JAP 19117/68, Entspr. OEP 279030, CHP 482845, FRP 1487916 u. GBP 1089045.

SUP 327265 (Urheberschein). Vorrichtung zur Fadenaufnahme auf Erspinnmaschinen für Chemiefaserstoffe. Erf.: *O. B. Ponomarev, V. L. Forer, B. A. Gudovskij, Ju. M. Anochin* u. *D. A. Kočeškov.* Anm.: Leningradskoe special'noe konstruktorsko-technologičeskoe Bjuro Mašin chimičeskich Volokon. A. 27. 7. 70, B. 26. 1. 72. Int. Kl.: D 01d 7/00, B 65h 54/28. A.-Z.: 1461831/28-12.

D 01f. Chemische Gesichtspunkte bei der Herstellung von künstlichen Fäden, Gespinsten, Fasern, Borsten oder Bändern

JAP 7105068. Polyamidfaserstoffe mit geringer Anfärbbarkeit. Erf.: *Fumio Kobayashi, Akira Sakata, Takeshi Mizoguchi* u. *Akio Sasaki.* Inh.: Yunichika Co. Ltd. A. 16. 11. 66, B. 8. 2. 71. Int. Kl.: C 08g, k, D 01f.

JAP 7106104. Feuerhemmende Faserstoffe aus regenerierter Cellulose. Erf.: *Taro Yamamura, Atsushi Kawai* u. *Shoichi Nagai.* Inh.: Mitsubishi Rayon Co. Ltd. A. 21. 4. 68, B. 16. 2. 71. Int. Kl.: D 01f, D 06m.

USP 3642706. Verfahren zum Erspinnen von aus aromatischem Polyamid bestehenden Fäden. Erf.: *Herbert S. Morgan jr.* Inh.: Monsanto Co., St. Louis. Mo. A. 3. 3. 70, B. 15. 2. 72. Kl.: 260-78 S, Int. Kl.: C 08g 20/00, D 01f 1/02. 15 Anspr. A.-Z.: 16265. Entspr. DTO 2109906 u. FRP 2084082.

SUP 331127 (Urheberschein). Verfahren zur Modifizierung von Celluloseacetat. Erf.: *I. M. Velikanova, Ju. A. Kostrov* u. *V. A. Žatkomlinova.* A. 23. 4. 69, B. 7. 3. 72. Int. Kl.: D 01f 3/36. A.-Z.: 1323407/23-5 (unter Einbeziehung der Anm. m. A.-Z.: 1324090/23-5).

USP 3649341. Verfahren zur Herstellung von Folien oder Faserstoffen aus partiell aclierter Regeneratcellulose. Erf.: *Viljo Tammela* u. *Olli Turunen.* Inh.: Neste Oy, Helsinki (SF). A. 14. 11. 68, B. 14. 3. 72. Kl.: 117-118, Int. Kl.: B 44 d 51/2, D 06m 13/20. 1 Anspr. A.-Z.: 775952. Prior.: 17. 11. 67 (SF; A.-Z.: 3106/67). Entspr. DTO 1808937, OEP 297911 u. GBP 1177749.

CHP 523341. Textilfaserstoffe auf Basis von Poly-α-olefinen, ausgestattet mit besonderer Aufnahmefähigkeit für Farbstoffe, und Verfahren zu ihrer Herstellung. Erf.: *Luciano Tavoletti.* Inh.: Montecatini Soc. Gen. per l'Industria Mineraria e Chimica, Mailand (IT). A. 26. 1. 65, Int. Kl.: D 01f 7/02. A.-Z.: 1070/65. Prior.: 28. 1. 64 (IT; A.-Z.: 1924/64). Vgl. auch CHP 523342. Entspr. DTO 1494686, DTO 1494684, FRP 1427260 u. FRP 1427261, GBP 1069651, GBP 1070668 SWP 330952 u. SWP 330953.

CHP 523342. Textilfaserstoffe auf Basis von Poly-α-olefinen, ausgestattet mit besonderer Aufnahmefähigkeit für Farbstoffe, und Verfahren zu ihrer Herstellung. Erf.: *Luciano Tavoletti.* Inh.: Montecatini Soc. Gen. per l'Industria Mineraria e Chimica, Mailand (IT). A. 26. 1. 65, Int. Kl.: D 01f 7/02. A.-Z.: 1071/65. Prior.: 28. 1. 64 (IT; A.-Z.: 1924/64). Vgl. auch CHP 523341. Entspr. DTO 1494684, DTO 1494686, FRP 1427260, FRB 1427261, GBP 1069651, GBP 1070663, SWP 330952 u. SWP 330953.

FRP 2102457 (B). Verfahren zur Herstellung von Polyamidfaserstoffen mit verbessertem seidigem Griff und Glanz und neue, so erhaltene Produkte. Erf.: *Tetsuya Kato, Toshiaki Hidaka* u. *Chikatsu Okagawa.* Inh.: Toray Industries, Inc. A. 4. 8. 70, B. 12. 5. 72. Int. Kl.: D 01f 7/00, 1/00. A.-Z.: 7028768.

FRP 2103091 (B). Verfahren zur Herstellung von farbstoffaufnahmefähigen Polyolefinfaserstoffen und so erhaltene Faserstoffe. Erf.: *A. Bonvicini, G. Cantatore* u. *F. Balata.* Inh.: Montecatini Edison S.p.A. A. 20. 7. 71. B. 12. 5. 72. Int. Kl.: D 01f 7/00, C 08f 29/00, D 06p 3/00. A.-Z.: 7126444. Prior.: 24. 7. 70 (IT; A.-Z.: 27846 A/70).

JAP 7110493. Gekräuselte Polypropylenfaserstoffe. Erf.: *Morio Nishioka, Masao Matsumoto, Kazuharu Hota, Toshiguki Nanbu* u. *Takeshi Mitsumatsu.* Inh.: Mitsubishi Rayon Co. Ltd. A. 7. 3. 66, B. 17. 3. 71. Int. Kl.: D 01f.

JAP 7128773. Pfropfpolymerisation von Polyvinylchlorid. Erf.: *Yasunori Nagahara* u. *Masanori Izumi.* Inh.: Kuraray Co. Ltd. A. 14. 3. 68, B. 20. 8. 71. Int. Kl.: C 08f, D 01f, B 01j.

SUP 318643 (Urheberschein). Verfahren zur Herstellung von Faserstoffen. Erf.: *M. P. Zverev, R. A. Býčkov, B. A. Krencel', V. I. Klejner, L. L. Stockaja.* A. 20. 11. 67, B. 28. 10. 71. Int. Kl. D 01f 7/02. A.-Z. 1197463/23-5.

D 02. Garne, mechanische Veredelung von Garnen oder Seilen; Schären oder Bäumen

D 02g. Kräuseln oder Krimpfen (Texturieren) von Fasern, Zwirnen oder Garnen; Garne oder Zwirne

DTO 1760980. Verfahren und Vorrichtung zur Druckkräuselung eines Textilstrangs. Erf.: *Robert Kenneth Stanley.* Anm.: Techniservice Corp., Lester. Pa. (US). A. 27. 7. 68, B. 5. 1. 72. Kl.: 29a, 6/20, Int. Kl.: D 02g 1/12. A.-Z.: P 1760980.

DTO 1785027. Verfahren und Vorrichtung zum Strecken und Kräuseln synthetischen Garns in einem kontinuierlichen Verfahren und derartig gekräuseltes Garn. Erf.: *Johan Jacques Mertens.* Anm.: Algemene Kunstzijde Unie N. V., Arnheim (NL). A. 2. 8. 68, B. 5. 1. 72. Kl.: 29a, 6/20, Int. Kl.: D 02g 1/14. A.-Z.: P 1785027. Prior.: 4. 8. 67, 14. 2. 68 (NL; A.-Z.: 6710832, 6802063). Entspr. DLP 69878.

DTO 1785180. Verfahren und Vorrichtung zur Herstellung von gekräuselten Endlosfäden aus synthetischen Hochpolymeren. Erf.: *Herbert Scherzberg, Herbert Neumann, Robert Schnegg* u. *Theo Dietrich.* Anm.: Farbenfabriken Bayer AG, 5090 Leverkusen (DT). A. 22. 8. 68, B. 5. 1. 72. Kl.: 29a, 6/20, Int. Kl.: D 02 g1/01. A.-Z.: P 1785180. Entspr. CHP 514004 u. FRP 2026223.

DTO 2006022. Verfahren und Vorrichtung zum Texturieren von Fäden. Erf.: *Hans Schmidt, Heinrich Feldhoff, Wolfgang Martin, Wolfgang Bauer* u. *Dieter Herion.* Anm.: Badische Anilin- & Soda-Fabrik AG, 6700 Ludwigshafen (DT). A. 11. 2. 70, B. 5. 1. 72. Kl.: 29a, 6/20, Int. Kl.: D 02g 1/30. A.-Z.: P 2006022. Vgl. auch DTO 2034241. Entspr. FRP 2079142.

DTA 1660504. Antriebsvorrichtung für eine Falschdrallspindel. Erf. nicht genannt. Anm.: Ernst Scragg & Sons Ltd., Macclesfield, Cheshire (GB). A. 14. 1. 65, B. 23. 3. 72. Kl.: 29a, 6/20, Int. Kl.: D 02g 1/06. A.-Z.: P 1660504. Prior.: 15. 1. 64 (GB; A.-Z.: 01766).

FRP 2101625 (B). Verfahren und Vorrichtung zur Stauchkräuselung von Fäden. Inh.: Akzo N.V. A. 13. 7. 71, B. 5. 5. 72. Int. Kl.: D 02g 1/00. A.-Z.: 7125587. Prior.: 14. 7. 70 (NL; A.-Z.: 7010429).

GBP 1274854. Recken und Bauschen von synthetischen Seiden. Inh.: Imperial Chemical Industries Ltd. A. 12. 7. 68, B. 17. 5. 72. Kl.: D1.F, Int. Kl.: D 02g 1/02. A.-Z.: 33365/68. Entspr. DTO 1935389 u. USP 3601972.

USP 3645081. Vorrichtung zum Kräuseln von thermoplastischen Fäden. Erf.: *Risto Salama*. Inh.: Spinner Osakeyhtio, Helsinki (SF). A. 24. 12. 69, B. 29. 2. 72. Kl.: 57-34 HS, Int. Kl.: D 02g 1/02. 6 Anspr. A.-Z.: 888012. Prior.: 31. 10. 69 (SF; A.-Z.: 3135/69). Entspr. DTO 1963793, CHP 505230, FRP 2065768 u. GBP 1247254.

USP 3650103. Verfahren und Vorrichtung zur Garntexturierung. Erf.: *Henry C. Farrar, Daniel Shichman* u. *Joseph S. Wos*. Inh.: Uniroyal Inc., New York, N.Y. A. 10. 11. 69, B. 21. 3. 72. Kl.: 57-34 HS, Int. Kl.: D 02j 13/00, D 01h 13/28, D 02g 1/02. 50 Anspr. A.-Z.: 875069. Entspr. DTO 2055275 u. FRP 2069192.

CHP 523353. Vrfahren zur Herstellung von gekräuselten Fäden oder Garnen. Erf.: *Jan Dekker* u. *Frans Bernard Johan van Asperen*. Inh.: Shell Internationale Research Maatschappij N. V., Carel van Bylandtlaan 30, Den Haag (NL). A. 1. 6. 70, Int. Kl.: D 02g 3/06, B 29d 7/04, D 01d 5/00. A.-Z.: 8165/70. Prior.: 3. 6. 69 (NL; A.-Z.: 6908284). Entspr. DTO 2026767 u. FRP 2049715.

D 02j. Veredeln oder Ausrüsten von Fäden, Garnen, Zwirnen, Schnüren, Seilen od. dgl.

DTO 1660312. Verfahren zur Verbesserung der Verstreckbarkeit von geformten Gebilden aus linearen Polyestern. Erf.: *Adalbert Kühn, Edmund Stix* u. *Ingolf Jacob*. Anm.: Farbwerke Hoechst AG vorm. Meister Lucius & Brüning, 6230 Frankfurt-Höchst (DT). A. 16. 8. 66, B. 13. 1. 72. Kl.: 29a, 6/31, Int. Kl.: D 02j 1/22. A.-Z.: P 1660312 (F 49953). Entspr. CHP 478930, FRP 1537243 u. GBP 1190227.

DTO 2034610. Luftheizkasten. Erf.: *Heinz Treptow* u. *Benno Frank*. Anm.: Barmag Barmer Maschinenfabrik AG, 5600 Wuppertal (DT). A. 13. 7. 70, B. 20. 1. 72. Kl.: 29a, 6/31, Int. Kl.: D 02j 1/22, A.-Z.: P 2034610. Entspr. DLP 89937.

GBP 1274513. Vorrichtung zur Behandlung eines Fadenbündels mit einem fließenden Medium. Inh.: Algemene Kunstzijde Unie N.V. A. 12. 6.69, B. 17. 5. 72. Kl.: D1.F, Int. Kl.: D 02j 1/08. A,-Z.: 29893/69. Prior.: 13. 6. 68 NL; A.-Z.: 6808286). Entspr. DTO 1928041, CSP 144447 u. USP 3600775.

PAPIER

D 21 Papierherstellung; Gewinnung von Cellulose bzw. Zellstoff

D 21c Gewinnung von Cellulose durch Abscheiden nichtcelluloseartiger Substanzen von cellulosehaltigen Stoffen; Wiedergewinnung der Zellstoffablaugen; Vorrichtungen dafür

D 21c 1/00 Vorbehandlung der feinzerteilten Stoffe vor dem Aufschluß

DTO 2037614. Verfahren zur Veredelung von cellulosehaltigen Materialien. Erf.: *Peter Hoffmann, Heinrich Seibert, Ivar Ugi, Werner Herzog, Karl Kemmner* u. *Robert Kümmel*. Anm.: Farbenfabriken Bayer AG, 5090 Leverkusen (DT). A. 29. 7. 70, B. 3. 2. 72. Kl.: 55b, 1/01, Int. Kl.: D 21c 1/00. A.-Z.: P 2037614 (Zus. z. Anm. m. A.-Z.: P 1619038).

SWP 345885. Verfahren zur Verbesserung der Homogenität beim diskontinuierlichen Aufschluß von lignocellulosehaltigem Material. Erf.: *S. O. E. Backlund*. Inh.: Svenska Cellulosa AB. A. 30. 12. 70, B. 12. 6. 72. Int. Kl.: D 21c 3/22. A.-Z.: 17702/70.

USP 3650887. Bleichverfahren für Holzzellstoff unter Anwendung von Peroxid/Silicat-Bleichlösung. Erf.: *Donald H. Grangaard*. Inh.: Kimberly-Clark Corp., Neenah, Wis. A. 21. 4. 69, B. 21. 3. 72. Kl.: 162-25, Kl.: D 21c 9/16. 5 Anspr. A.-Z.: 826756 (Zus. z. Pat. m. A.-Z.: 546066. A. 28. 4. 66).

Sektion G. Physik

G 01. Messen; Prüfen

G 01n. Untersuchen der chemischen oder physikalischen Eigenschaften von Stoffen

SUP 318852 (Urheberschein). Gerät zur Bestimmung der Reibungseigenschaften von Polymerstoffen. Erf.: *G. M. Bartenev, S. Z. Bubman, A. I. El'kin, P. A. Orlov, Z. E. Styran* u. *G. P. Chaačturjan*. A. 1. 7. 69, B. 28. 10. 71. Int. Kl.: G 01n 3/65. A.-Z.: 1344853/23-5.

SUP 331286. Gerät für die Bestimmung der viskoplastischen Eigenschaften von Polymerstoffen. Erf.: *I. A. Docenko, I. A. Gluškov, V. A. Rožkov* u. *V. A. Bobko* A. 29. 9. 69, B. 7. 3. 72. Int. Kl.: G 01n 11/12. A.-Z.: 1367120/23-5.

POP 65911. Gerät zur Bestimmung der Spulenfestigkeit (des Garns in den Wicklungen). Erf.: *Artur Różycki* u. *Mirosław Marcinkowski*. Inh.: Instytut Włókiennictwa, łódź (PO). A. 3. 4. 70, B. 29. 4. 72. Kl.: 42k, 50, Int. Kl.: G 01n 33/36. A.-Z.: 139778.

SUP 327410 (Urheberschein). Gerät zur Bestimmung der Knitterung von Gewebe. Erf.: *V. P. Ardalionova, A. N. Patrikeev, D. P. Sučkov, L. N. Figurova* u. *E. G. Ejges*. Anm.: Central'nyj naučno-issledovatel'skij Institut chlopčatobumažnoj Promyšlennosti. A. 25. 6. 69, B. 26. 1. 72. Int. Kl.: G 01n 33/36. A.-Z.: 1340490/28-12.

Literaturschau

Auszug aus Lieferung 23 und 24/1972 der Referatekartei „Faserstoffe und Textiltechnik", zusammengestellt von der Abteilung Information und Dokumentation des Instituts für Polymerenchemie der AdW der DDR, 153 Teltow-Seehof, Kantstr. 55

I. Wissenschaftliche Grundlagen

Allgemeines

(Untersuchungsmethoden u. a.)

Barson, C. A., Wisdom, R. A.: Die Zersetzung von Bis(pentafluorbenzoyl)-peroxid in verdünnter Lösung. European Polymer J. **8** (1972) 10, S. 1139–1144.

Davydov, B. E., Karpačeva, G. P., Samedova, T. G., Jandarova, M. M. (Schreibw. i. Orig.: *Karpacheva, G. P., Yandarova, M. M.*): Über gewisse Besonderheiten polykonjugierter Systeme. European Polymer J. **7** (1971) 11, S. 1569–1574.

Mol'kova, L. N., Kalinin, A. I., Perepletčikova, E. M.: Vektorpolarographische Cadmium-, Zink- und Bariumbestimmung in Stabilisatoren für Polyvinylchlorid. Ž. anal. Chimii (Z. analyt. Chemie) **27** (1972) 10, S. 1924–1927.

Ouano, A. C.: Gelchromatographie. VII. Messung der relativen Molekülmasse von Gelchromatographie-Flüssigkeiten. J. Polymer Sci., A-1: Polymer Chem. **10** (1972) 7, S. 2169–2180.

Gladen, R.: Gelchromatographie in organischer Phase – ein modernes Verfahren zur Trennung und Charakterisierung löslicher organischer nieder- und hochmolekularer Stoffe. 2. Teil. GIT. Fachz. Laboratorium **16** (1972) 10, S. 1159–1166, 1168.

Physik und Chemie der Hochpolymeren

Stellman, St. D., Gans, P. J.: Brauchbare Computer-Simulation der Polymerkonformation. I. Geometrische Eigenschaften des Hartkugelmodells. Macromolecules, Washington **5** (1972) 4, S. 516–526.

Seymour, R. W., Estes, G. M., Huh, D. S., Cooper, S. L.: Rheooptische Untersuchungen von Polyurethanblockpolymeren. J. Polymer Sci., A-2: Polymer Physics **10** (1972) 8, S. 1521–1527.

Everage, A. E., jr., Gordon, R. J.: Modifizierte Bead-Springflüsse der Polydispersität und Vergleich mit Experimenten. J. appl. Polymer Sci. **16** (1972) 8, S. 1967–1982.

Krüger, K. W.: Zusammenhänge zwischen Molekulargewicht und Elutionsvolumen bei der Gelchromatographie von verschiedenen Polyestern. Angew. makromol. Chemie, Basel **26** (1972) S. 47–58.

Gaines, G. L., jr.: Oberflächenspannung von Polymerlösungen. IV. Dreikomponentenmischungen. J. Polymer Sci., A-2: Polymer Physics **10** (1972) 8, S. 1529–1535.

Kambe, Y., Honda, Ch.: Die differentiellen Brechungsindexinkremente von statistischen Styrol-Acrylnitril-Methylmethacrylat-Copolymeren. Angew. makromol. Chemie, Basel **25** (1972) S. 163–169. (engl.).

Šablygin, M. V., Nikitina, O. A., Sokolova, A. S., Michajlov, N. V.: Methodik zur Berücksichtigung des Wassereinflusses auf die IR-Spektren der Cellulose. Vysokomol. Soed. (Hochmol. Verbind.) Serie A **14** (1972) 10, S. 2259–2262.

Lechner, M. D., Schulz, G. V.: Über die Wellenlängenabhängigkeit der Lichtstreuung von Polymerlösungen. J. colloid interface Sci. **39** (1972) 3, S. 469–471.

Evstaf'ev, V. P., Jakubovič, V. S., Šalygin, G. F., Selichova, V. I., Zubov, Ju. A., Braz, G. I., Jakubovič, A. Ja.: Abhängigkeit der Eigenschaften einiger Polyheteroarylene von ihrer Struktur. Vysokomol. Soed. (Hochmol. Verbind.) Serie A **14** (1972) 10, S. 2174–2182.

Zvereva, G. F., Bort, D. N., Okladnov, N. A.: Über die Morphologie von in der Masse hergestelltem Polyacrylnitril. Vysokomol. Soed. (Hochmol. Verbind.) Serie B: Kratkie Soobšč. (Kurzmitt.) **14** (1972) 10, S. 775–777.

Gohil, R. M., Patel, K. C., Patel, R. D.: Morphologie von Polyacrylnitril. Angew. makromol. Chemie, Basel, **25** (1972) S. 83–96. (engl.).

Schoon, Th., G. F., Rieber, G.: Zur Mikromorphologie und Molekülgestalt amorpher Hochpolymerer im festen und gelösten Zustand. Kautschuk, Gummi, Kunststoffe **25** (1972) 10, S. 456–460.

Ziabicki, A.: Makromolekulare Netzwerke als Strukturmodelle für kondensierte (vernetzte) Polymersysteme. Polimery, Warszawa **17** (1972) 7, S. 361–365.

Hadjichristidis, N., Devaleriola, M., Desreux, V.: Hydrodynamische Eigenschaften und ungestörte Abmessungen von Polycyclohexyl- und Polyphenylmethacrylaten in verschiedenen Lösungsmitteln. European Polymer J. 8 (1972) 10, S. 1193–1207.

Efremov, I. F., Kovylov, A. E., Lavrov, I. S.: Strukturbildung in wäßrigen Polyacrylnitril-Dispersionen. Kolloid. Ž., Moskva **34** (1972) 5, S. 766–769.

Włochowicz, A., Jeziorny, A.: Bestimmung der Kristallinität bei Polyesterfaserstoff durch Röntgenographie. J. Polymer Sci., A-2: Polymer Physics **10** (1972) 8, S. 1407–1414.

Kusy, R. P.: Einfluß von γ-Strahlung auf die Übergangstemperaturen von kristallinem Polytetrafluoräthylen. J. Polymer Sci., A-1: Polymer Chem. **10** (1972) 6, S. 1745–1762.

Somersall, A. C., Guillet, J. E.: Photochemie von Ketonpolymeren. VIII. Fluoreszenz und Energieübertragung von aliphatischen und Polyvinylketonen. Macromolecules, Washington **5** (1972) 4, S. 410–415.

Shaner, J. R., Corneliussen, R. D.: Transkristallines Wachstum an einer inneren Oberfläche. J. Polymer Sci., A-2: Polymer Physics **10** (1972) 8, S. 1611–1613.

Fetters, L. J.: Konformationsänderungen in Poly-N-alkylisocyanaten. J. Polymer Sci., B: Polymer Letters **10** (1972) 8, S. 577–582.

Zetta, L., Gatti, G.: Konformation von Polyäthylen durch kernmagnetische Resonanz. Macromolecules, Washington **5** (1972) 4, S. 535–536.

Ando, I., Nishioka, A.: Die chemischen Verschiebungen und die Konformationen von linearen Kohlenwasserstoffen. Makromol. Chemie **160** (1972) S. 145–157. (engl.).

Przygocki, W.: Kinetik der isothermen Kristallisation von Polymerschmelzen. Polimery, Warszawa **17** (1972) 7, S. 349–354.

Eichinger, B. E.: Elastizitätstheorie. I. Verteilungsfunktionen für vollständige Phantom-Netzwerke. Macromolecules, Washington **5** (1972) 4, S. 496–505.

Ergöz, E., Mandelkern, L.: Quellung von aus der Lösung gebildeten Polyäthylenkristallen. J. Polymer Sci., B: Polymer Letters 10 (1972) 8, S. 631–635.

Fridman, M. L., Andrianova, G. P., Berezkin, V. I., Ivanjukov, D. V.: Modifizierung von Polypropylenschmelze mit der Polyorganosiloxan-Flüssigkeit PES-5. Plast. Massy, Moskva (Plast. Massen) (1972) 10, S. 42–44.

Minsker, K. S., Malyšev, L. N., Karpačeva, L. I., Zavarova, T. B., Fedoseeva, T. G.: Wirksamkeit von Gleitmitteln bei dem thermomechanischen Abbau von Polyvinylchlorid. Plast. Massy, Moskva (Plast. Massen) (1972) 9, S. 52–55.

Belyj, V. A., Egorenkov, N. I., Lin, D. G.: Über die Besonderheiten der Thermooxydation von in Kontakt mit Kupfer befindlichem Polyäthylen. Vysokomol. Soed. (Hochmol. Verbind.) Serie B: Kratkie Soobšč. (Kurzmitt.) 14 (1972) 10, S. 787–789.

Fechner, B. M., Strazielle, Cl.: Bestimmung der thermodynamischen Eigenschaften von einigen binären Systemen (Lösungsmittelgemisch/Polymere mit geringer relativer Molekülmasse) auf der Grundlage von Lichtstreuungswerten. Makromol. Chemie 160 (1972) S. 195–212. (franz.).

Gutzov, I. (Schreibw. i. Orig.: *Gutzow, I.*): Über den Dampfdruck und die Löslichkeit unterkühlter Schmelzen und Gläser. Z. physik. Chemie, N.F., Frankfurt/M. 81 (1972) 1/4, S. 195–212.

Nakamura, Sh., Otake, T., Matsuzaki, K.: Thermisches Verhalten von Polymethacrylnitril. J. appl. Polymer Sci. 16 (1972) 7, S. 1817–1825.

Zeman, L., Patterson, D.: Lösungsmitteleinfluß auf die Unverträglichkeit von Polymeren in Lösung. Macromolecules, Washington 5 (1972) 4, S. 513–516.

Bonn, R., van Aartsen, J. J.: Löslichkeit von Polymeren in Beziehung zur Oberflächenspannung und zum Brechungsindex. European Polymer J. 8 (1972) 9, S. 1055–1066.

Rinaudo, M., Milas, M., Le Moigne, J., Gramain, P.: Eigenschaften der Sulfopropylderivate von Polyvinylalkohol in wäßriger Lösung. European Polymer J. 8 (1972) 9, S. 1073–1085. (franz.).

Nekrasov, I. K.: Über die Erweiterung der Lösungskonzentrationsgrenzen bei der Sedimentation von Polymerlösungen. Vysokomol. Soed. (Hochmol. Verbind.) Serie A 14 (1972) 10, S. 2252–2258.

Chen, Show-An: Mischbarkeit von Polymeren in Mischungen organischer Flüssigkeiten. Eine Ausdehnung einer zweidimensionalen Näherung. J. appl. Polymer Sci. 16 (1972) 7, S. 1603–1614.

Živný, A., Pouchlý, J.: Theoretische Analyse der Sorption eines binären Lösungsmittels in einer Polymerphase. I. Auftreten und Charakter der Umkehrung bei der bevorzugten Sorption. J. Polymer Sci., A-2: Polymer Physics 10 (1972) 8, S. 1467–1480.

Brockmeier, N. F., McCoy, R. W., Meyer, J. A.: Gaschromatographische Bestimmung thermodynamischer Eigenschaften von Polymerlösungen. I. Amorphe Polymersysteme. Macromolecules, Washington 5 (1972) 4, S. 464–470.

Williamson, G. R., Cervenka, A.: Charakterisierung von Polyäthylen niedriger Dichte durch Gelchromatographie. I. Die universelle Eichkurve und die *Mark/Houwink*-Gleichung. European Polymer J. 8 (1972) 8, S. 1009–1017.

Kuszmanné-Borbély, A., Pálossyné-Becker, K., Hegedüsné-Zimonyi, E.: Herstellung und physikochemische Untersuchung von silylierten Cellulosederivaten. Kolor. Ertesitö, Budapest (Kolor. Rdsch.) 14 (1972) 7/8, S. 205–210.

Warren, T. C., Prins, W.: Polymer-Verdünnungsmittel-Wechselwirkung in vernetzten Gelen von Poly-2-hydroxyäthylmethacrylat. Macromolecules, Washington 5 (1972) 4, S. 506–512.

Kopusov, L. I., Žarkov, V. V.: Methode zur Bestimmung sekundärer Bindungen in Polyurethanen. Plast. Massy, Moskva (Plast. Massen) (1972) 9, S. 63–64.

Parijskij, G. B., Davydov, E. Ja., Toptygin, D. Ja.: Über die Wechselwirkung von Polymethylmethacrylat mit den bei der Photoreduktion von Eisen(III)-chlorid entstehenden Chloratomen. Mitt. 2. Photoinduzierte Umwandlungen von Radikalen bei Lichtwellen über 280 nm. Izv. Akad. Nauk SSSR, Serija chim. (1972) 10, S. 2207–2212.

Menold, R., Burchert, B.: Eine einfache Methode zur Bestimmung der Haftbeständigkeit von Polymeren. Angew. makromol. Chemie, Basel 26 (1972) S. 1–13.

Kudim, T. V., Beljaev, I. S., Gerasimov, V. D.: Folien aus aromatischen Polyamiden. Plast. Massy, Moskva (Plast. Massen) (1972) 9, S. 41–42.

Livanova, N. M., Miller, V. B., Torsueva, E. S., Šljapnikov, Ju. A.: Untersuchung der Oxydation von mit Drei- bzw. Vierring-Phenolen stabilisiertem Polypropylen. Izv. Akad. Nauk SSSR, Serija chim. (Nachr. Akad. Wiss. UdSSR, Chemie) (1972) 11, S. 2616–2618.

Jellinek, H. H. G., Chaudhuri, A. K.: Inhibierter Abbau von Polyamid-6.6 in Gegenwart von Stickstoffdioxid, Ozon, Luft und naher UV-Strahlung. J. Polymer Sci., A-1: Polymer Chem. 10 (1972) 6, S. 1773–1788.

Popov, V. P., Veselovskij, E. V.: Abhängigkeit einiger Eigenschaften von Polyäthylen von der Anzahl der Endgruppen. Plast. Massy, Moskva (Plast. Massen) (1972) 9, S. 59.

Maličenko, B. F., Vilenskaja, L. N.: Aromatische fluorhaltige Polyamide. Vysokomol. Soed. (Hochmol. Verbind.) Serie A 14 (1972) 10, S. 2079 bis 2083.

Lapšin, V. V.: Polyarylsulfon. Plast. Massy, Moskva (Plast. Massen) (1972) 9, S. 74–76.

Physik und Chemie der Monomeren und Oligomeren

Campadelli, F., Nicora, C.: Eine Untersuchung der Veresterung von Terephthalsäure. European Polymer J. 8 (1972) 10, S. 1171–1178.

Wirpsza, Z.: Herstellung von Isocyanaten durch Carbonylierung von Nitroverbindungen mit Kohlenmonoxid. Polimery, Warszawa 17 (1972) 7, S. 360–361.

Kovalenko, T. I., Kovalenko, V. I., Malook, G. P., Dubčenko, V. N.: Katalytische Synthese von aliphatischen Nitrilen aus Carbonsäuren. Ž. prikl. Chimii (Z. angew. Chemie) 45 (1972) 8, S. 1824–1827.

Kuricyn, L. V., Sokolov, L. B.: Relative Reaktionsfähigkeit funktioneller Gruppen von aromatischen Dicarbonsäurechloriden bei Umsetzung mit aromatischen Aminen. Vysokomol. Soed. (Hochmol. Verbind.) Serie B: 14 (1972) 10, S. 2028–2032.

Pirogov, O. N., Kudašev, R. Ch., Čirkov, N. M.: Bildungskinetik von Oligomeren des Propylens in Gegenwart des Katalysators $TiCl_4$ + Al-(iso-$C_4H_9)_2Cl$. Vysokomol. Soed. (Hochmol. Verbind.) Serie A 14 (1972) 10, S. 2084–2090.

Polymerisation

Waters, J. A., Mortimer, G. A.: Untersuchung von $(\pi\text{-}C_5H_5)_2Ti(CH_3)Cl$ und $(\pi\text{-}C_5H_5)_2Ti(C_6H_5)Cl$ in löslichen Ziegler-Katalysatoren. J. Polymer Sci., A-1: Polymer Chem. 10 (1972) 6, S. 1827–1837.

Vasilescu, D. S., Dimonie, M.: Graphisch-analytisches Verfahren zur Berechnung der integralen Zusammensetzung bei der binären Copolymerisation. II. Berechnungsverfahren der Zusammensetzung bei der Copolymerisation. Materiale plast., București 9 (1972) 7, S. 362–364.

Vanzo, E.: Kontrolle der Teilchengröße bei der Dispersionspolymerisation. J. appl. Polymer Sci. 16 (1972) 7, S. 1867–1868.

Ghanem, N. A., Marek, M.: Die Bedeutung und der Verbleib des Wassers als Cokatalysator bei der kationischen Polymerisation. European Polymer J. 8 (1972) 8, S. 999–1008.

Karapatadze, T. M., Topčiev, D. A., Kabanov, V. A.: Über die Rolle des Konformationszustandes von Makroradikalen bei der Polymerisationskinetik ionogener Monomerer. Vysokomol. Soed. (Hochmol. Verbind.) Serie A 14 (1972) 10, S. 2142–2147.

Utracki, L. A.: Umesterungskinetik bei der Polyesterbildung. J. Polymer Sci., A-1: Polymer Chem. 10 (1972) 7, S. 2115–2122.

Chen, C. T., Eaton, R. F., Chang, Y. J., Tobolsky, A. V.: Synthese, Charakterisierung und Permeationseigenschaften von Polyurethanen auf Polyätherbasis. J. appl. Polymer Sci. 16 (1972) 8, S. 2105–2114.

Csürös, Z., Rusznák, I., Bertalan, G., Anna, P., Körösi, J.: Untersuchung der basischen Endgruppen bei der mit Aminsalzen initiierten kationischen Lactampolymerisation. IX. Mitt. über Lactame und cyclische Peptide. Makromol. Chemie 160 (1972) S. 27–39.

Matzner, M., Robeson, L. M., Greff, R. J., McGrath, J. E.: Anionische Polymerisation von ε-Caprolactam mit aktivierten aromatischen Halogeniden als Initiatoren. Angew. makromol. Chemie, Basel 26 (1972) S. 137–153.

Imai, Y., Kojima, K.: Herstellung von Polyimiden aus Pyromellithsäuredithioanhydrid und aromatischen Diaminen. J. Polymer Sci., A-1: Polymer Chem. 10 (1972) 7, S. 2091–2096.

Janović, Z., Higgins, J.: Polybenzodipyrrolchinoxaline. J. Polymer Sci., A-1: Polymer Chem. 10 (1972) 6, S. 1609–1615.

Saegusa, T., Ikeda, H., Fujii, H.: Isomerisationspolymerisation von 2-Oxazolin. IV. Kinetische Untersuchung der Polymerisation von 2-Methyl-2-oxazolin. Macromolecules, Washington 5 (1972) 4, S. 359–362.

Šul'gina, E. S., Rogova, S. G., Beljaev, V. M., Mnacakanov, S. S., Smirnov, A. F., Frenkel', S. Ja.: Polymolekularität von durch Dispersionspolymerisation in Gegenwart nichtionischer Stabilisatoren hergestelltem Polyvinylacetat. Ž. prikl. Chimii (Z. angew. Chemie) 45 (1972) 8, S. 1848–1852.

Mazurek, V. V., Budanova, G. P., Kim, B., Koršun, A. M., Merkur'eva, A. V., Širokov, N. A.: Bildung von radikalischen und anionischen aktiven Polymerisationszentren im System: polares Vinylmonomeres – Übergangsmetallverbindung. Dokl. Akad. Nauk SSSR (Ber. Akad. Wiss. UdSSR) 206 (1972) 5, S. 1166–1168.

Inaki, Y., Ishiyama, M., Takemoto, K.: Vinylpolymerisation durch Metallkomplexe. IV. Polymerisation von Vinylmonomeren durch Kupfer(II)-oligo(n)äthylen-(n+1)aminsysteme. Makromol. Chemie 160 (1972) S. 127–134. (engl.).

Platé, N. A., Jaškov, V. A., Mal'cev, V. V.: Copolymerisation von Vinylchlorid mit n-Butylvinyldiphenylzinn. Vysokomol. Soed. (Hochmol. Verbind.) Serie B: Kratkie Soobšč. (Kurzmitt.) 14 (1972) 10, S. 780–782.

Webster, J. A., Butler, J. M., Morrow, T. J.: Synthese und Eigenschaften einiger Polymerer auf der Basis von Fluorkohlenwasserstoffen. Nuova Chimica, Milano 48 (1972) 10, S. 51–54.

Kaye, H., Chang, Sing-Hsiung: Strukturkontrolle bei der durch β-Strahlung initiierten Polymerisation von 1-Vinyluracil. Macromolecules, Washington 5 (1972) 4, S. 397–401.

Tiltscher, H.: Kinetik und Mechanismus der Anlagerung von Propylenoxid an Diäthylamin unter Ausschluß protonenaktiver Verbindungen. Angew. makromol. Chemie, Basel 25 (1972) S. 1–14.

Schnecko, H.: Äthylen-Olefin-Copolymere durch Synthese mit löslichen Organometall-Mischkatalysatoren. Angew. Chemie 84 (1972) 18, S. 902.

Surovcev, L. G., Bulatov, M. A., Čarušnikov, K. A., Spasskij, S. S.: Kinetische Untersuchung der radikalischen Polymerisation von Methacrylsäureestern der Benzylreihe. Ž. fizič. Chimii (Z. physik. Chemie) 46 (1972) 10, S. 2684.

Forchioni, A., Chachaty, C.: KMR- und ESR-Untersuchungen der Festkörperpolymerisation von Vinylmonomeren. II. Acrylsäure. J. Polymer Sci., A-1: Polymer Chem. 10 (1972) 7, S. 1923–1943.

Carraher, Ch. E., jr., Wang, Long-hong: Modifizieren von Polyacrylnitril durch Reaktionen mit Ti-, Zr- und Hf-Dicyclopentadiendichloriden. Angew. makromol. Chemie, Basel 25 (1972) S. 121–129. (engl.).

Šňupárek, J., jr.: Ein Beitrag zur halbkontinuierlichen Emulsionspolymerisation. I. Thermische Untersuchung. II. Copolymerisation von Butylmethacrylat und Butylacrylat. Angew. makromol. Chemie, Basel 25 (1972) S. 105–112; 113–119. (engl.).

Kacarava, R. D., Koršak, V. V., Rusanov, A. L., Kolesnikov, G. S., Fedotova, O. Ja., Paresišvili, O. I.: Synthese und Untersuchung von Polybenzoylenbenzimidazolen auf der Basis von bis-(3,4-Dicarboxyphenyl)phenylphosphinoxid und aromatischen Tetraminen. Vysokomol. Soed. (Hochmol. Verbind.) Serie A 14 (1972) 10, S. 2065–2078.

Roovers, J. E. L., Bywater, S.: Herstellung und Charakterisierung von vierfach verzweigtem sternförmigem Polystyrol. Macromolecules, Washington 5 (1972) 4, S. 384–388.

Deibig, H., Sander, M., Schimmel, M.: Thermostabile Polymere. I. Spiro-Polycyclotriphosphazenamide (Polykondensate aus 2,2-Diphenyl-4,4,6,6-tetraimidazolidocyclotriphosphazen und Diaminobenzidin. Angew. makromol. Chemie, Basel 25 (1972) S. 171–177.

Martin, J. R., Gillham, J. K.: Amorphe Polyolefine: eine Beziehung zwischen der Molekülstruktur, der submolekularen Bewegung und dem mechanischen Verhalten. J. appl. Polymer Sci. 16 (1972) 8, S. 2091–2104.

White, D. M., Klopfer, H. J.: Polymerisation durch oxydative Kupplung. IV. Synthese und Eigenschaften von Poly-2-methyl-6-phenylphenylenäther. J. Polymer Sci., A-1: Polymer Chem. 10 (1972) 6, S. 1565–1578.

II. Faserstoffe. Ausgangsstoffe usw.

Gamper, J. R.: Kriterien bei der Wahl der Behandlungsweise von Cellulosefaserstoffen mit thermohärtenden Harzen auf der Basis von Methylolharnstoffderivaten in Hinblick auf die Qualität der Erzeugnisse. Galaxia, Buenos Aires (1972) 44, S. 4–15.

Naturfaserstoffe

Pflanzliche Faserstoffe

Čanev, K.: Komplexbeurteilung von untersuchten Flachs- und Hanfsorten. Tekstil. Prom., Sofija (Textil-Ind.) **21** (1972) 7, S. 351–353.
Kurhański, M.: Methodische Grundlagen des Röstens von Flachsstroh mit Hilfe des Beregnens mit Röstflüssigkeitsabwässern. Przegl. włókienn. (Textil-Rdsch.) **26** (1972) 7, S. 365–367.
Ciocşan, I.: Möglichkeiten der Herabsetzung des spezifischen Materialverbrauchs bei naßgesponnenen Hanf- und Leinengarnen. Ind. textilă, Bucureşti **23** (1972) 9, S. 526–531.
Azzola, F.: Zur Existenz einer Cuticula charakteristisch granularer Eigenstruktur auf den Oberflächen von Rohbaumwollfasern. Melliand Textilber. internat. **53** (1972) 9, S. 1037–1039.

Tierische Faserstoffe

Asquith, R. S., Otterburn, M. S., Swift, J. A.: Physikalische Veränderungen, die in erhitztem Säugetier-Keratin auftreten. J. Textile Inst. **63** (1972) 10, S. 544–550.
Teltow, P.: Mohair und die Maschenstoffindustrie. Brit. Knitting Ind. **45** (1972) 518, S. 53–54, 58.

Chemiefaserstoffe

Seidel, L. E.: Eine Palette von Faservarianten. Textile Ind. **136** (1972) 8, S. 50–93.
Krässig, H.: Herstellungsverfahren, Eigenschaften und Einsatzgebiete von Foliefäden und Foliefasern. Dt. Textiltechnik **22** (1972) 10, S. 641–646.
Schmidt, K. A. F.: Verstärkungsfasern. Kunststoffe **62** (1972) 10, S. 703 bis 707.

Cellulose und Zellstoff

Clermont, L. P., Bender, F.: Durch Einwirkung von Stickstoffdioxidlösungen in Dimethylformamid hergestellte wasserlösliche Cellulosederivate. J. Polymer Sci., A-1: Polymer Chem. **10** (1972) 6, S. 1669–1677.
Pzybysz, K., Szwarcsztaj, E.: Über Kurzfaserfraktion in Zellstoffen. Przegl. papierniczy **28** (1972) 8 (343), S. 275–278.
Pszonka, B.: Gaschromatographie als eine Analysenmethode für Kohlenhydrate in Rohstoffen und Produkten der Zellstoffindustrie. Przegl. papierniczy **28** (1972) 8 (343), S. 256–261.

Regeneratfaserstoffe

Kaszyński, A., Markowska, D.: Spinnen von Viskosen, die bei verschiedenen Temperaturen nachgereift sind und unterschiedliche Mengen an Nebenprodukten enthalten. Faserforsch. u. Textiltechnik **23** (1972) 11, S. 482 bis 488.
Andreeva, I. N., Papkov, S. P.: Über die Rolle des Druckes bei der Pyrolyse von Regeneratfaserstoff. Vysokomol. Soed. (Hochmol. Verbind.) Serie B: Kratkie Soobšč. (Kurzmitt.) **14** (1972) 10, S. 729–731.
Ochiai, M. T.: Die Polynosic-Faser in Nähgarnen. Melliand Textilber. internat. **53** (1972) 9, S. 1035–1036.

Synthetische Faserstoffe

Eisemann, K.-H.: Polyurethane – Rohstoffe und Hilfsstoffe. Kunststoffe **62** (1972) 10, S. 638–644.
Lloyd, B. A., Devries, K. L., Williams, M. L.: Reißverhalten von Polyamid-6-Faserstoff. J. Polymer Sci., A-2: Polymer Physics **10** (1972) 8, S. 1415 bis 1445.
Ivanova, G. F., Pavlov, A. V., Sagalaev, G. V., Šembel', N. L.: Verarbeitung von Polycaproamid als Sekundärrohstoff. Plast. Massy, Moskva (Plast. Massen) (1972) 9, S. 26–28.
Glaser, R., Schmidt, E.: Polyolefine. Kunststoffe **62** (1972) 10, S. 610–615.
Kiselev, G. A.: Acetalisierung von Polyvinylalkoholfaserstoff mit Furfurol. Ž. prikl. Chimii (Z. angew. Chemie) **45** (1972) 8, S. 1900–1902.
Cypryk, J.: Einige Probleme von Bikomponenten-Fasern. Przegl. włókienn. (Textil-Rdsch.) **26** (1972) 7, S. 359–364.

Künstliche mineralische Faserstoffe

Boştenaru, D.: Glas – ein Textilrohstoff. Ind. textilă, Bucureşti **23** (1972) 9, S. 521–525.
Winter, G.: Polykristalline anorganische Fasern – Herstellung, Eigenschaften, Anwendung. Angew. Chemie **84** (1972) 18, S. 866–875.

Ausgangsstoffe. Schaumstoffe. Kautschuk

Behr, E.: Temperaturbeständige Kunststoffe. Kunststoffe **62** (1972) 10, S. 670–673.

III. Fäden-Herstellungstechnologien

Spinnerei. Zwirnerei

Spinnerei

Offen-End-Spinnen in Nordamerika. Textile Ind. **136** (1972) 7, S. 36–38.
OE-Spinnen: ein großes Potential. Mod. Textiles Mag. **53** (1972) 8, S. 10–13.
Neuentwicklungen in der Spinnerei. Textile Ind. **136** (1972) 7, S. 47–48.
Ostfeld, M.: Die Mischungen in der Baumwollspinnerei. Ind. textile, Paris (1972) 1015, S. 643–650.
Lünenschloß, J. W., Rottmayr, H.: Der Einfluß verschiedener Spinnparameter als Ursache für das Auftreten von Schmelzstellen in Polyester/Baumwoll-Mischgarnen. Melliand Textilber. internat. **53** (1972) 9, S. 952–959.
Mazingue, G., Bauters, M., Dauphin, C.: Das Staubproblem in der Wollspinnerei. Ind. textile, Paris (1972) 1015, S. 677–679.

Zwirnerei

Bauer, K.: Die Falschzwirnmaschinen der FK5-Reihe. Chemiefasern/Textil-Ind. **22/74** (1972) 10, S. 880–886.

Erzeugnisse der Spinnerei und Zwirnerei

OE-Garn und Parameter des textilen Flächengebildes. Textile Ind. **136** (1972) 7, S. 31–32, 35.

Texturfäden

Fadentexturiermaschinen. Mod. Textiles Mag. **53** (1972) 7, S. 32–35.
Verfahren zur Herstellung von Texturseiden. Mod. Textiles Mag. **53** (1972) 7, S. 36.
Texturseidenhersteller in den USA. Mod. Textiles Mag. **53** (1972) 7, S. 26–31.
Erdmann, W., Peterson, A.: Beheizung, Temperatur-Regelung und -Überwachung an Strecktexturier- und Texturiermaschinen. Chemiefasern/Textilind. **22/74** (1972) 10, S. 886, 888–894.
Semmler, D.: Fadenführer für die Verstreckung und Kräuselung synthetischer Fäden. Chemiefasern/Textilind. **22/74** (1972) 10, S. 895–897.
Kritische Übersicht über Verfahren zum Bauschen von Polyacrylnitril-Hochbauschgarnen. Hosiery Trade J. **79** (1972) 943, S. 65–68.

IV. Flächengebilde-Herstellungstechnologien

Die Beteiligung der Textilien an der modernen Architektur. Ind. textile, Paris (1972) 1015, S. 641–642.

Materialvorbereitung

Ivanov, S. N.: Über den normalen Druck der Garnwindungen auf Spulen der Maschine PK-100. Tekstil. Prom., Moskva (Textil-Ind.) **32** (1972) 8, S. 34–36.
Gankin, I. M., Ljubina, A. M.: Organisation der Arbeit und des Arbeitsplatzes der Schärerin. Tekstil. Prom., Moskva (Textil-Ind.) **32** (1972) 8, S. 44–46.
Misca, E., Teodorescu, I., Bucurenci, I.: Verbesserung der Gleiteigenschaften von Strickgarnen und deren Einfluß bei der späteren Verarbeitung. Ind. textilă, Bucureşti **23** (1972) 9, S. 537–544.
Schutz, R.-A., Hus, J.-P., Exbrayat, P.-E.: Die Bedingungen zum Trocknen der Webketten. Ind. textile, Paris (1972) 1015, S. 680–682.

Weberei

Bobiński, A.: Das Raumklima in Webereien. Przegl. włókienn. (Textil-Rdsch.) **26** (1972) 7, S. 377–379.
Dean, L. R., Becknell, D. F.: Texturierter Schußfaden, gesponnener Kettfaden. Textile Ind. **136** (1972) 7, S. 52–53, 55, 57, 64.
Tidow, K.: Vom Tuchhandwerk zum Industriebetrieb. Ohne Walkmühlen keine Tuche. Textilbetrieb **90** (1972) 10, S. 62–64.
Burnett, R.: Das sich verändernde Gesicht der Teppichindustrie in den USA. Mod. Textiles Mag. **53** (1972) 7, S. 41, 45.

Weberei-Technologie

Damjanov, G., Christov, L.: Über den Charakter der Schußfadenspannung bei automatischen Schützenwebmaschinen. Tekstil. Prom., Sofija (Textil-Ind.) **21** (1972) 8, S. 385–388.
Weil, A. J.: Weben von Stoffen aus Texturseide. Mod. Textiles Mag. **53** (1972) 7, S. 21–23.

Sonstige Technologien

Klust, G.: Untersuchungen an knotenlosen Netztuchen in der Flechttechnik. Prot. Fischereitechnik **13** (1972) 59, S. 21–39.

Wirkerei und Strickerei. Konfektionstechnik. Sonstige Technologien

Warnke, H.: Maschenindustrie gestern – heute – morgen. Melliand Textilber. internat. **53** (1972) 9, S. 988–990.
Becker, H., Herrmann, W.: Konfektion von Maschenware. Melliand Textilber. internat. **53** (1972) 9, S. 1021–1024.
Rieser, W.: Verarbeitung von Jersey für Oberbekleidung. Wirk.- u. Strick.-Technik **22** (1972) 10, S. 722–727.
Senner, P., Rezk, A.: Das Verhalten von Polyamid-6-Maschenwaren beim Hochfrequenzschweißen. Melliand Textilber. internat. **53** (1972) 9, S. 1025–1033.
Weber, K.-P.: Die Wirkerei und Strickerei. Technologische und bindungstechnische Grundlagen. Melliand Textilber. internat. **53** (1972) 10, S. 1127–1131.
Eckersley, R.: Die Aussichten für Kettengewirke in Oberbekleidung. Brit. Knitting Ind. **45** (1972) 518, S. 67–68, 70–72.
Guseva, V. A.: Produktion und Nachfrage nach Trikotagen. Tekstil. Prom., Moskva (Textil-Ind.) **32** (1972) 8, S. 57–59.
Nešagaev, A. A., Panov, K. V., Dergačev, N. I.: Neues Verfahren zur Ornamentbildung von Gardinenstoffen auf Jacquard-Raschelmaschinen. Tekstil. Prom., Moskva (Textil-Ind.) **32** (1972) 8, S. 67–68.

Wirkerei- und Strickerei-Technologie

Garne in Kettengewirken. Textile J. Australia **47** (1972) 5, S. 16–17, 54.
Weber, K.-P.: Entwicklung und Verfahren der Strickerei und Wirkerei. Melliand Textilber. internat. **53** (1972) 9, S. 993–1001.
Graf, F.: Rationalisierung in der Jerseystoffherstellung. Wirk.- u. Strick.-Technik **22** (1972) 11, S. 803–805, 807.

Erzeugnisse der Wirkerei und Strickerei

Bush, H. R.: Doppeljersey aus reiner Schurwolle. Technische Aspekte der Herstellung und Weiterverarbeitung. Wirk.- u. Strick.-Technik **22** (1972) 10, S. 710, 712–714.
Bush, H. R.: Doppeljersey aus reiner Schurwolle. Wirk.- u. Strick.-Technik **22** (1972) 11, S. 798–801.
Gross, D.: Für Fa. Blue Jay Knitting Mills verbessert die Qualität die Absatzanstrengungen. Knitting Times **41** (1972) 20, S. 33–35.
Dalidovič, A. S., Boruchov, G. A.: Besonderheiten der Struktur und Projektierung von Interlockware mit vergrößertem Rapport. Tekstil. Prom., Moskva (Textil-Ind.) **32** (1972) 8, S. 53–55.

Textilverbundstoffe

Kolarova, K.: Vliesstoffunterlage für Kunstleder. Tekstil. Prom., Sofija (Textil-Ind.) **21** (1972) 8, S. 394–397.

Faserverbundstoffe. Vliesstoffe

Hoffman, H. A.: Textilverbundstoffe – wohin gehen sie und warum? Mod. Textiles Mag. **53** (1972) 7, S. 49–52.
Knaus, R.: Neuentwicklungen auf dem Gebiet des Vlies- und Nadelmaschinenbaues. Melliand Textilber. internat. **53** (1972) 9, S. 981–984.

Fadenverbundstoffe

Frenzel, B., Ehrlich, E., Grenzendörfer, D.: Nähwirkmaschinen Malimo – ihre technischen und technologischen Möglichkeiten. Teil I. Stellung der Nähwirktechnik Malimo im Gesamtsystem der Herstellung textiler Flächengebilde. Dt. Textiltechnik **22** (1972) 10, S. 620–624.

Schichtstoffe

Semjannikov, I. E.: Ökonomischer Nutzeffekt der Herstellung von Tuftingteppichen. Tekstil. Prom., Moskva (Textil-Ind.) **32** (1972) 8, S. 63–64.

Lochner, H.: Polvliese: Chancen einer neuen Technologie. Boden, Wand, Decke **18** (1972) 9, S. 60, 104–105.

V. Textilveredlung

Greenwood, P. F.: Ausrüstungsbehandlungen für Gestrickstückware aus Baumwolle. Brit. Knitting Ind. **45** (1972) 518, S. 77, 79, 80, 83–84.

Martin, L., Oehler, G.: Färben und Ausrüsten von Artikeln aus Polynosicfasern. Melliand Textilber. internat. **53** (1972) 10, S. 1139–1143.

Farbstoffe. Textilhilfsmittel

von der Eltz, H.-U.: 20 Jahre Hoechster Reaktivfarbstoffe auf Wolle. Textilveredlung, Weinfelden/Schweiz **7** (1972) 5, S. 297–307.

Machida, S., Narita, H., Kato, K.: Herstellung von Polyacrylfarbstoffen. Angew. makromol. Chemie, Basel **25** (1972) S. 97–103. (engl.).

Chin, N. N., Kočetov, E. E., Ermilova, I. I., Prokof'eva, M. V.: Hydroxyäthylcellulose, ein wasserlöslicher Celluloseäther. Plast. Massy, Moskva (Plast. Massen) (1972) 9, S. 61–62.

Brockman, A. L. S.: Chemikalien für die Textilindustrie. Teil 5. Fasermodifizierung: Moleküle und Reaktantchemikalien. Textile J. Australia **47** (1972) 5, S. 22, 58.

Bleicherei. Sonstige Vorbehandlungsarbeiten der Textilveredlung

Reinert, G., Müller, V., Keller, R., Schaffner, K.: Optisch Aufhellen von Textilfasern aus organischen Lösungsmitteln. Textilveredlung, Weinfelden/Schweiz **7** (1972) 10, S. 678–692.

Smith, T. J.: Bleichen von Maschentextilien aus Cellulosefaserstoff. Brit. Knitting Ind. **45** (1972) 517, S. 66, 71–72, 83.

Berndt, H.-U.: Entwicklungstendenzen auf dem HT-Bleichsektor. Kontinue-Vorbehandlung durch Kurzzeit-Verfahren. Textilbetrieb **90** (1972) 10, S. 69–72.

Färberei

Ungermann, E.: Die Anwendung der Remazol-Farbstoffe nach dem Klotz-Kurzverweil-Verfahren. Textil-Praxis internat. **27** (1972) 9, S. 562–564.

Duševa, M., Jankov, L., Dimov, K.: Über die Wechselwirkung zwischen Dispersions- und Reaktivfarbstoffen beim Einbad-Thermosolverfahren „Teracron". Tekstil. Prom., Sofija (Textil-Ind.) **21** (1972) 8, S. 388–393.

Otte, Ch., Olpeter, G.: Das Färben von Berufsbekleidung aus Trevira/Baumwolle. Ein wachsender Markt verlangt qualitätsgerechte Ware. Textilbetrieb **90** (1972) 10, S. 73–77.

Schlüter, H.: Wirtschaftliche Methoden zum Kontinuefärben von Mischgeweben aus PES- und Cellulosefasern mit Cottestren-Farbstoffen. Textil-Praxis internat. **27** (1972) 9, S. 555–559.

Bliničeva, I. B., Afinoganova, L. V., Čikalova, N. N., Barčugova, I. M., Tarasova, Z. A.: Verwendung von Furfurol zur Intensivierung des Färbeprozesses von Lavsan mit Dispersionsfarbstoffen. Tekstil. Prom., Moskva (Textil-Ind.) **32** (1972) 8, S. 74–75.

Frauenknecht, J., Schwer, D.: Neue Möglichkeiten zum Erreichen eines Bunteffektes bei Polyamidfaserstoffen. Galaxia, Buenos Aires (1972) 44, S. 18–27.

Grant, A.: Maschentextilien hoher Qualität. Amer. Dyestuff Rep. **61** (1972) 7, S. 36–37, 39, 42.

Druckerei

Sorokin, N. G., Pavlova, M. I.: Einfluß verschiedener Faktoren auf den Druckprozeß. Tekstil. Prom., Moskva (Textil-Ind.) **32** (1972) 8, S. 70–71.

Kassenbeck, P., Neukirchner, A.: Mikroskopische und kinematographische Studien über Vorgänge beim Textil-Rouleaux-Druck. Melliand Textilber. internat. **53** (1972) 10, S. 1152–1159.

Umdruck. Hosiery Trade J. **79** (1972) 943, S. I–III.

Barth, H.: Schablonendruck auf Textilien. Techniken für den Dreifarben-Halbtonprozeß. Textile J. Australia **47** (1972) 5, S. 18–21, 56–57.

Crowther, C. S.: Entwicklungen von Stork-Brabant beim Rotationsfilmdruck von Maschenstoff. Hosiery Trade J. **79** (1972) 944, S. 86–88.

Ausrüstung. Trocknung

Skrygina, L. V., Moisenko, F. A.: Ausrüstung von Maschenwaren aus kombinierten Textur-Triacetatfäden. Tekstil. Prom., Moskva (Textil-Ind.) **32** (1972) 8, S. 68–70.

Wexler, T., Cornilescu, D., Bercovici, I.: Antistatische Behandlung von Polyvinylchlorid. II. Organische Phosphite. Materiale plast., Bucureşti **9** (1972) 8, S. 434–439.

Kuechler, W. E.: Tendenzen auf dem Gebiet der Ausrüstung von Maschentextilien. Amer. Dyestuff Rep. **61** (1972) 7, S. 32, 34.

Jenkner, H.: Flammschutzmittel für Kunststoffe. Kunststoffe **62** (1972) 10, S. 690–692.

Wäscherei. Chemische Reinigung

Trabal, E.: Natriumperborat in Waschmittelkompositionen. Invest. Inform. textil, Tensioactivos, Barcelona **15** (1972) 3, S. 385–392.

VI. Werkstoffprüfung. Meß- und Prüftechnik. Standardisierung

Gund, F.: 60 Jahre Farbechtheitsprüfung 1911–1971. Melliand Textilber. internat. **53** (1972) 9, S. 1040–1041.

East, G. C.: Chemische Prüfung und Analyse. Textile Progress, Manchester **3** (1971) 4, S. 67–108.

Koch, H.-J., Melandri, G.: Prüfung der Gebrauchstüchtigkeit von polyurethanbeschichteten Textilien. Melliand Textilber. internat. **53** (1972) 9, S. 984–987.

Szabolos, O., Langer, K.: Untersuchung der Hydrolysenbeständigkeit von synthetischen Materialien für Trockensiebe. Textil-Praxis internat. **27** (1972) 9, S. 560–562.

Kirjuchin, S. M.: Bestimmung der Zuverlässigkeitscharakteristiken der mechanischen Eigenschaften von Fäden nach Standards. Tekstil. Prom. Moskva (Textil-Ind.) **32** (1972) 8, S. 80–82.

Eigenschaften und Fehler der Textilmaterialien u. a.

Dobrovol'skaja, I. P., Slucker, L. I., Čerejskij, Z. Ju., Šablygin, M. V., Utevskij, L. E.: Zum Auftreten eines Kleinwinkelreflexes bei der Pyrolyse von Regeneratcellulosefaserstoffen. Vysokomol. Soed. (Hochmol. Verbind.) Serie B: Kratkie Soobšč. (Kurzmitt.) **14** (1972) 10, S. 723–724.

Pietikainen, I.: Nähschaden in Maschenstoffen. Hosiery Trade J. **79** (1972) 943, S. 75–78.

Beyreuther, R.: Untersuchung des pneumatischen Freistrahlprinzips zur Messung bzw. Regelung der Feinheit von Chemieseiden im technologischen Prozeß. Faserforsch. u. Textiltechnik **23** (1972) 11, S. 457–465.

Haga, T., Ishibashi, H.: Dynamisch-viskoelastisches Verhalten von mit Styrol gepfropftem Polyamid-6-Faserstoff. J. appl. Polymer Sci. **16** (1972) 8, S. 1925–1935.

Suda, N., Ohira, M.: Untersuchungen über die Drapierbarkeit von Geweben. Profilformen der drapierten Proben. Kogyo Gijutsuin Sen'i Kogyo Shikensho Kenkyo Hokoku, Yokohama (Bull. Res. Inst. Polymers Textiles jap. Government) (1972) 98 (3), S. 45–50. (jap.; engl. Zusammenfass.).

Yanagawa, Y., Kawabata, S., Kawai, H.: Theoretische Untersuchung der biaxialen Zugeigenschaften von zweibarrigen Kettengewirken. J. Textile Mach. Soc. Japan **18** (1972) 2, S. 55–63.

Nesswetha, W.: Vergleichende Untersuchungen von Bettwäsche und Bettausstattungen aus herkömmlichen und synthetischen Fasern. Melliand Textilber. internat. **53** (1972) 10, S. 1174–1180.

Meß- und Prüftechnik

Neue Prüfgeräte für das moderne Textil-Laboratorium. Chemiefasern/Textilind. **22/74** (1972) 10, S. 920–922.

Sapogova, A. M., Vejnronk, M. N.: Über die Ungleichmäßigkeit des Garns und ihre Beurteilung. Tekstil. Prom., Moskva (Textil-Ind.) **32** (1972) 8, S. 36–38.

Preysch, M.: Neuentwicklungen der Digital-Fibrographen und ihre Anwendung in der Baumwollspinnerei. Textil-Praxis internat. **27** (1972) 9, S. 519–524.

Morgan, D. J.: Die Vorteile der Farbstoffprüfung von Texturseiden. Hosiery Trade J. **79** (1972) 945, S. 148–150.

Löffel, H.: Dünnschichtchromatographische Methoden der Untersuchung von Flecken, Fehlern und Veränderungen bei der Textilveredlung. Invest. Inform. textil, Tensioactivos, Barcelona **15** (1972) 3, S. 393–408.

Simon, R., Bönitz, H., Schwabe, B.: Messung der Frequenz von periodischen Bewegungsvorgängen textiler Fäden durch Erfassung der elektrischen Aufladung. Dt. Textiltechnik **22** (1972) 10, S. 613–618.

Audivert, R., de Castellar, M. D.: Einfluß der Zahl und der Verteilung der Messungen entlang der Regressionslinie sowie des Eichfehlers auf den Korrelationskoeffizienten. Invest. Inform. textil. Tensioactivos, Barcelona 15 (1972) 3, S. 353–359.

Zelenev, Ju. V., Kardanov, Ch. K.: Gerät für die Aufstellung der thermomechanischen Kurven von Polymeren. Zavodsk. Labor., Moskva (Betriebslabor) **38** (1972) 10, S. 1277–1278.

Halboth, H, Latzke, M.: Automatische Messung von Knotenabständen in Garnen. Chemiefasern/Textilind. **22/74** (1972) 10, S. 916–919.

Über den Stand der Untersuchungen zum Problem der Oligomeren bei der Veredlung von Polyesterfasern. Melliand Textilber. internat. **53** (1972) 9, S. 1053.

Forchmann, A. Cz.: Faserlängen-Messung mit Almeter und Digital-Fibrograph. Melliand Textilber. internat. **53** (1972) 9, S. 949–951.

Standardisierung. Terminologie

Princeva, R. A.: Standardisierung und Erzeugnisqualität in der Seidenindustrie. Tekstil. Prom., Moskva (Textil-Ind.) **32** (1972) 8, S. 28–29.

Wentz, D.: Das neue Textilkennzeichnungsgesetz und seine Anwendung auf Teppichböden. Boden, Wand Decke **18** (1972) 9, S. 9–10.

Terminologie der Einfaden-(Kulier-)Maschenwaren. Wirk.- u. Strick.-Technik **22** (1972) 11, S. 761–767.

Gutner, S., Gutner, L. B.: Computer hilft Fa. Fabricland bei der Festlegung neuer Standards für den Kundendienst. Knitting Times **41** (1972) 20, S. 29–32.

VII. Betriebstechnik. Ökonomie. Tagungsberichte und dgl.. Sonderfragen

Betriebstechnik

Wegener, W.: Radiometrische Kontrollverfahren in der Textilindustrie. Melliand Textilber. internat. **53** (1972) 9, S. 1054–1057.

Kracht, E. W.: Stand der funkenerosiven Bearbeitung beim Senken, Schleifen und Schneiden. Feingerätetechnik **21** (1972) 11, S. 492–499.

Wegener, W.: Radiometrische Kontrollverfahren in der Textilindustrie. Melliand Textilber. internat. **53** (1972) 10, S. 1161–1166.

Ökonomie

Weinmüller, Karl: Kosten- und Leisungsrechnung in Maschenwarenbetrieb. Wirk.- u. Strick.-Technik **22** (1972) 10, S. 665–673.

Kraeva, J.: Hauptrichtungen der Qualitätssicherung. Tekstil. Prom., Sofija (Textil-Ind.) **21** (1972) 7, S. 334–336.

Müller, W., Ehrentraut, R.-P., Anders, A., Harrandt, H.: Erfahrungen bei der Anwendung der Smirnow-Methode. Dt. Textiltechnik **22** (1972) 10, S. 609–613.

Liang, L. S.: Die Textilindustrie in der VR China. Textile Ind. **136** (1972) 8, S. 97, 99, 101, 103–104.

Sonderfragen

Pomykalski, A.: Einige Bedingungen für die Entwicklung des Neuererwesens in der Textilindustrie. Przegl. włókienn. (Textil-Rdsch.) **26** (1972) 7, S. 396–399.

Krause, M.: Report über ein CR-Zukunfts-Seminar. Chemischreiniger/Wäscher/Färber-Ztg. **71** (1972) 10, S. 497, 500, 501–503, 514.

Puškin, P. S., Kutepova, K. V.: Über die Ausstattung der Textilbetriebe mit Ingenieurkadern. Tekstil. Prom., Moskva (Textil-Ind.) **32** (1972) 8, S. 13–14.

Beh, F.: Leitfaden der textilen Fertigung. Kenntnisse der Textilrohstoffe und -erzeugnisse. Textil-Praxis internat. **27** (1972) 9, S.. 517–518.